江苏省特种作业人员安全技术培训考核系列教材

防爆电气作业

吴炳辉　主编

罗进明　主审

东南大学出版社

·南京·

图书在版编目(CIP)数据

防爆电气作业 / 吴炳辉主编. —南京：东南大学出版社，2011.6

ISBN 978-7-5641-2855-5

Ⅰ.①防… Ⅱ.①吴… Ⅲ.①防爆电气设备—技术培训—教材 Ⅳ.①TM

中国版本图书馆 CIP 数据核字(2011)第 113684 号

书　　名	防爆电气作业
主　　编	吴炳辉
出 版 人	江建中
责任编辑	张　慧
出版发行	东南大学出版社 (江苏省南京市四牌楼 2 号东南大学校内　邮政编码 210096)
网　　址	http://press.seu.edu.cn
印　　刷	南京京新印刷厂
开　　本	787mm×1092mm　1/16
印　　张	11
字　　数	275 千字
版次印次	2011 年 7 月第 1 版　2011 年 7 月第 1 次印刷
书　　号	ISBN 978-7-5641-2855-5
定　　价	21.80 元

(＊东大版图书若有印装质量问题，请直接与读者服务部联系，电话 025—83792328。)

江苏省安全生产培训系列教材

编委会成员名单

序

安全生产是企业和社会的永恒主题。近几年来，我们在江苏省委、省政府的领导下，按照科学发展观的要求，大力加强安全生产监督管理，促进了全省安全生产的发展，连续实现了生产事故和死亡人数的“双下降”，为实现“平安江苏”和“两个率先”作出了贡献。

搞好安全生产必须重视安全培训工作。大量实践说明，安全培训工作是安全生产的基础和前提，是一项战略性工作。2010年，《国务院关于进一步加强企业安全生产工作的通知》(国发〔2010〕23号)和《省政府关于进一步加强企业安全生产工作的意见》(苏政发〔2010〕136号)中，再次强调了安全培训工作的重要性和必要性。因此，只有进一步认识和加强安全生产培训工作，才能更好地保证安全生产的可持续发展。

搞好安全生产培训，其中一项重要的工作是安全培训教材建设。为此，省局组织了全省具有丰富经验的专家、教授和工作人员编写了这套教材。本套教材是根据国家安监总局《特种作业人员安全技术培训考核管理规定》(国家安监局30号令)的要求，以国家培训大纲、考核标准为依据，特别是结合江苏的实际，介绍了生产单位特种作业人员需要掌握的安全知识、规章及技能。教材坚持安全理论与生产实践相结合，突出新的安全理念和“四新知识”，并为学员留有自主学习、自主探究的空间，以期达到教学相长的目的。

本书的编写时间紧、任务重、要求高，参加编写和参与组织工作的同志们为此付出了辛勤劳动，在此向他(她)们表示衷心的感谢。同时，在编写和出版的过程中，各市、县安监部门和有关同志给予了大力支持，在此一并表示感谢。

江苏省安全生产监督管理局局长
江 苏 煤 矿 安 全 监 察 局 局 长

2011年5月

前言

特种作业人员安全培训工作是各级安全监督管理部门和企业安全生产管理的一项重要内容。做好这项工作，对于保障特种作业人员及其他人员的生命安全，防止重特大事故，提高企业安全生产水平及经济效益都具有十分重要的作用。

经济社会快速发展、科学技术的不断进步和安全法制建设进程的加快，对新形势下的安全生产和安全培训工作提出了更新的标准、更高的要求。为了适应新形势，进一步落实党的“安全第一，预防为主，综合治理”的基本方针，江苏省安全生产宣传教育中心根据国家安全生产监督管理总局《特种作业人员安全技术培训考核管理规定》的要求，组织编写了《防爆电气作业》教材。

本书共分9章，重点介绍如下内容：爆炸危险场所及其分类、分级；防爆电气设备的基本原理、结构及其技术要求；防爆电气设备的选型；防爆电气设备与电气线路的安装、运行、检查和维修基本要求；防爆电气的管理。希望本书介绍的防爆电气基本安全技术知识，能对防爆电气作业人员提高作业水平有所帮助。

由于时间仓促，不足之处在所难免，恳请各位专家及读者批评指正。

编者

2011－5

目　录

第一章　概述

第一节　爆炸的基本概念

在自然界中存在各种爆炸现象。广义地讲，爆炸是物质系统的一种极为迅速的物理的或化学的能量释放或转化过程，是系统蕴藏的或瞬间形成的大量能量在有限的体积和极短的时间内，骤然释放或转化的现象。在这种释放或转化的过程中，系统的能量将转化为机械功以及光和热的辐射等。爆炸以急剧的速度释放出巨大的能量，将使周围的物体遭受到猛烈的冲击和破坏。

一、爆炸的分类

爆炸可以由不同的原因引起，但不管是何种原因引起的爆炸，归根结底必须有一定的能量。按能量的来源，爆炸可以分为三类，即物理爆炸、化学爆炸和核爆炸。

(1) 物理爆炸。物理爆炸是由系统释放物理能引起的爆炸。

(2) 化学爆炸。化学爆炸是由于物质的化学变化引起的爆炸。

(3) 核爆炸。核爆炸是核裂变(如原子弹是用铀235、钚239裂变)、核聚变(如氢弹是用氘、氚或锂核的聚变)反应所释放出的巨大核能引起的。

按反应相态的不同，爆炸可分为以下三类：

(1) 气相爆炸。它包括可燃性气体和助燃性气体混合物的爆炸、气体的分解爆炸、液体被喷成雾状物在剧烈燃烧时引起的爆炸等。

(2) 液相爆炸。它包括聚合爆炸、蒸气爆炸以及不同液体混合所引起的爆炸。

(3) 固相爆炸。它包括爆炸性化合物和混合危险物质的爆炸。

二、爆炸的基本条件

所有可燃气体、蒸气及粉尘与空气混合所形成的混合物的爆炸，均需要具备三个基本的条件：

(1) 爆炸性物质：能与氧气(空气)反应的物质，包括气体、液体和固体。(气体：氢气、乙炔、甲烷等；液体：酒精、汽油等；固体：粉尘、纤维粉尘等)

(2) 氧气：空气。

(3) 激发能源：包括明火、电气火花、机械火花、静电火花、高温、化学反应、光能等。

这就是习惯所说的爆炸三要素，或称爆炸三角形原理。

当可燃性物质与空气的混合浓度介于爆炸极限范围内时，遇点火源就会产生爆炸。但燃气与空气混合形成的可燃气体浓度低于该气体的爆炸下限(LEL)或高于其爆炸上限(UEL)都不会发生爆炸。

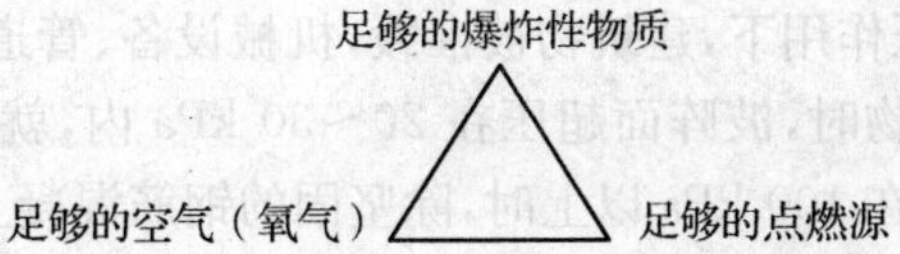

上述三个要素同时同地存在，就具备了发生爆炸的充分必要条件，这也是人们预防和防止可燃性气体发生燃烧与爆炸的原始理论依据。

显而易见，没有可燃性物质，就无法发生燃烧与爆炸；没有点燃源，即使存在可燃性物质和空气，显然也是无法发生燃烧与爆炸的。根据燃烧与爆炸发生的充分必要条件，人们提出防爆电气技术的“守候定理”：

在大气条件下，假若可燃性物质连续或长期地存在，不管点燃源如何，只要一出现，点燃就可能发生；同样，假若点燃源连续或长期地存在，不管可燃性物质如何，只要一出现，就可能被点燃。

这正像甲（乙）一直在等候乙（甲）一样，只要乙（甲）一出现就会和甲（乙）会面，故称为“守候”。守候定理说明，在思考和处理防爆电气技术问题时，人们不仅要考虑可燃性物质存在所造成的危险，而且还应该考虑点燃源存在所造成的危险，尤其是连续或长期存在可能造成的危险。然而遗憾的是，后一种情况常常被人们所忽视。

守候定理是人们在思考和解决防爆电气技术问题时必须遵守的一个重要原则。

三、爆炸的特点及破坏作用

爆炸的特点：

（1）严重性。往往造成重大伤亡和多人伤亡事故，使国家财产蒙受巨大损失，严重影响生产的顺利进行，甚至迫使工矿企业停产，通常需较长时间才能恢复。

（2）复杂性。事故原因比较复杂，如可燃物种类繁多，引起事故的火源也有多种等。事故发生后，设备炸毁、厂房倒塌、人员伤亡等因素，也给事故原因的分析带来困难。

（3）突发性。爆炸常常猝不及防，可能仅在一秒钟内爆炸过程已经结束，设备损坏、厂房倒塌、人员伤亡等巨大损失也已在瞬间发生。

由于爆炸通常伴随发热、发光、压力上升、真空和电离等现象，具有很强的破坏作用。它与爆炸物的数量和性质、爆炸时的条件以及爆炸位置等因素有关。主要破坏形式有以下几种：

（1）直接的破坏作用

机械设备、装置、容器等爆炸后产生许多碎片，飞出后会在相当大的范围内造成危害。一般碎片在100～500 m内飞散。如1979年浙江温州电化厂液氯钢瓶爆炸，钢瓶的碎片最远飞离爆炸中心830 m，其中碎片击穿了附近的液氯钢瓶、液氯计量槽、贮槽等，导致大量氯气泄漏，发展成为重大恶性事故，死亡59人，伤779人。

（2）冲击波的破坏作用

物质爆炸时，产生的高温高压气体以极高的速度膨胀，像活塞一样挤压周围空气，把爆炸反应释放出的部分能量传递给压缩的空气层，空气受冲击而发生扰动，使其压力、密度等产生突变，这种扰动在空气中传播就称为冲击波。冲击波的传播速度极快，在传播过程中，可以对周围环境中的机械设备和建筑物产生破坏作用和使人员伤亡。冲击波还可以在它的作用区域内产生震荡作用，使物体因震荡而松散，甚至破坏。冲击波的破坏作用主要是由其波阵面上的超压引起的。在爆炸中心附近，空气冲击波波阵面上的超压可达几个甚至十几个大气压，在这样高的超压作用下，建筑物被摧毁，机械设备、管道等也会受到严重破坏。当冲击波大面积作用于建筑物时，波阵面超压在20～30 kPa内，就足以使大部分砖木结构建筑物受到强烈破坏。超压在100 kPa以上时，除坚固的钢筋混凝土建筑外，其余部分将全部破坏。

(3) 造成火灾

爆炸发生后，爆炸气体产物的扩散只发生在极其短促的瞬间内，对一般可燃物来说，不足以造成起火燃烧，而且冲击波造成的爆炸风还有灭火作用。但是爆炸时产生的高温高压，建筑物内遗留大量的热或残余火苗，会把从破坏的设备内部不断流出的可燃气体、易燃或可燃液体的蒸气点燃，也可能把其他易燃物点燃引起火灾。当盛装易燃物的容器、管道发生爆炸时，爆炸抛出的易燃物有可能引起大面积火灾，这种情况在油罐、液化气瓶爆破后最易发生。正在运行的燃烧设备或高温的化工设备被破坏，其灼热的碎片可能飞出，点燃附近储存的燃料或其他可燃物，引起火灾。如 1979 年 12 月，吉林液化石油气厂 2 号球罐破裂时，涌出的石油气遇明火而燃烧爆炸，大火持续了整整 23 个小时，造成了巨大的损失。

(4) 造成中毒和环境污染

在实际生产中，许多物质不仅是可燃的，而且是有毒的，发生爆炸事故时，会使大量有害物质外泄，造成人员中毒和环境污染。

第二节　爆炸性物质

爆炸性物质是发生爆炸事故的基础性条件之一，防爆电气的设计首先要考虑的也就是要防什么样的爆炸性物质，在了解了爆炸性物质的前提下，解决怎样防的问题。

一、爆炸性物质的基本特征

爆炸性物质，不论是气体、液体、固体，本身是可燃的。

对液体而言，其本身是可燃的，并能够产生可燃性气体、蒸气或薄雾。可燃性液体包括可燃性液体和易燃性液体。

对固体物质而言，爆炸性物质主要是指粉尘，包括可燃性粉尘和导电性粉尘（电阻率等于或小于 $1\times10^3\Omega\cdot m$ 的粉尘、纤维或飞扬物）。

一种物质要成为爆炸性物质，还要与空气形成混合物。

二、爆炸性气体（蒸气）混合物的两个主要参数

(1) 闪点

闪点是指在标准条件下，使液体变成蒸气的数量能够形成可燃性气体/空气混合物的最低液体温度。

液体的闪点越低，引燃的危险程度越大。如环氧丙烷的闪点为 −37.2℃，不仅在冬天户外场所蒸发蒸气，而且在常温时会快速蒸发蒸气。

液体周围环境温度是影响液体蒸发的主要依据。我国规定了最高环境温度为 45℃作为分界线，闪点高于 45℃的称可燃性液体；闪点低于 45℃的称易燃性液体。

可燃性液体在常温储存时没有爆炸危险性，但当可燃性液体呈雾状颗粒状态及操作温度高于液体闪点时同样有爆炸危险性。表 1－1 列出了几种易燃液体的闪点，从中可以看出，各种易燃液体的闪点相差很大，有一些在常温下就可以蒸发成蒸气。闪点低的易燃液体具有更大的危险性。

表 1-1　易燃性液体闪点举例

易燃性液体	分子式	闪点/℃	易燃性液体	分子式	闪点/℃
壬烷	$CH_3(CH_2)_7CH_3$	30	苯乙烯	$C_6H_5CH═CH_2$	30
硝基甲烷	CH_3NO_2	36	丙酮	$(CH_3)_2CO$	−20
硝基乙烷	$C_2H_5NO_2$	27	丁酮	$CH_3CH_2COCH_3$	−9
甲醇	CH_3OH	11	乙醛	CH_3CHO	−38
乙醇	CH_3CH_2OH	12	氯乙烯	$CH_2═CHCl$	−78
甲酸	HCOOH	42	丙烯腈	$CH_2═CHCN$	−5
煤油	—	38	乙腈	CH_3CN	2
水煤气	—	1.2			
苯	C_6H_6	−11			
甲苯	$C_6H_5CH_3$	4			

(2) 爆炸极限

爆炸极限是指可燃性气体(蒸气)与空气形成的混合物,能引起爆炸的最低浓度(爆炸下限)或最高浓度(爆炸上限),介于爆炸下限和上限中间的浓度范围称爆炸范围。爆炸范围越大,则形成爆炸性混合物的机会越多;爆炸下限越低,则形成爆炸的条件越易具备。

爆炸极限的影响因素:

① 温度的影响

混合爆炸气体的初始温度越高,爆炸极限范围越宽,则爆炸下限降低,上限增高,爆炸危险性增加。

② 压力的影响

混合气体的初始压力对爆炸极限的影响较复杂,在 0.1～2.0 MPa 的压力下,对爆炸下限影响不大,对爆炸上限影响较大;当大于 2.0 MPa 时,爆炸下限变小,爆炸上限变大,爆炸范围扩大。

③ 惰性介质的影响

若在混合气体中加入惰性气体(如氮、二氧化碳、水蒸气、氩、氦等),随着惰性气体含量的增加,爆炸极限范围缩小。当惰性气体的浓度增加到某一数值时,使爆炸上下限趋于一致,使混合气体不发生爆炸。

④ 爆炸容器对爆炸极限的影响

爆炸容器的材料和尺寸对爆炸极限有影响,若容器材料的传热性好,管径越细,火焰在其中越难传播,爆炸极限范围变小。

三、粉尘爆炸机理

凡是呈细粉状态的固体物质均称为粉尘。能燃烧和爆炸的粉尘叫做可燃粉尘;浮在空气中的粉尘叫悬浮粉尘;沉降在固体壁面上的粉尘叫沉积粉尘。现已发现以下七类物质的粉尘具有爆炸性:金属(如镁粉、铝粉);煤炭;粮食(如小麦、淀粉);饲料(如血粉、鱼粉);农副产品(如棉花、烟草);林产品(如纸粉、木粉);合成材料(如塑料、染料)。

(1) 粉尘爆炸的条件

可燃性粉尘爆炸应具备三个条件：粉尘本身具有爆炸性；粉尘必须悬浮在空气中并与空气混合到爆炸浓度；有足以引起粉尘爆炸的热能源。

和气体爆炸相比，粉尘爆炸所要求的最小引燃能较大，达 10 mJ，为气体爆炸的近百倍。因此，一个足够强度的热能源也是形成粉尘爆炸的必要条件之一。

(2) 粉尘爆炸的过程

第一步：悬浮粉尘在热源作用下迅速地被干馏或气化而产生可燃气体。

第二步：可燃气体与空气混合而燃烧。

第三步：燃烧产生的热量从燃烧中心向外传递，引起邻近的粉尘进一步燃烧。如此循环下去，反应速度不断加快，最后形成爆炸。

(3) 粉尘爆炸的特点

① 具有二次爆炸的可能。粉尘初始爆炸的气浪可能将沉积的粉尘扬起，形成爆炸性尘云，在新的空间再次产生爆炸，这叫二次爆炸。这种连续爆炸会造成严重的破坏。

② 粉尘爆炸感应期长，达数十秒，为气体的数十倍。

③ 粉尘爆炸可能产生两种有毒气体：一种是一氧化碳，另一种是爆炸物质（如塑料等）自身分解产生的毒性气体。

(4) 影响粉尘爆炸的因素

① 物理化学性质。物质的燃烧热越大，则其粉尘的爆炸危险性也越大，例如煤、碳、硫的粉尘等；越易氧化的物质，其粉尘越易爆炸，例如镁、氧化亚铁、染料等；越易带电的粉尘越易引起爆炸。粉尘在生产过程中，由于互相碰撞、摩擦等作用，产生的静电不易散失，造成静电积累，当达到某一数值后，便出现静电放电。静电放电火花能引起火灾和爆炸事故。

粉尘爆炸还与其所含挥发物有关。如煤粉中当挥发物低于 10%时，就不再发生爆炸，因而焦炭粉尘没有爆炸危险性。

② 颗粒大小。粉尘的表面吸附空气中的氧，颗粒越细，吸附的氧就越多，因而越易发生爆炸，而且，发火点越低，爆炸下限也越低。随着粉尘颗粒的直径的减小，不仅化学活性增加，而且还容易带上静电。

③ 粉尘的浓度。与可燃气体相似，粉尘爆炸也有一定的浓度范围，也有上下限之分。但在一般资料中多数只列出粉尘的爆炸下限，因为粉尘的爆炸上限较高。

第三节 点燃源

一切能够引起爆炸性物质发生燃烧与爆炸的能量释放源都被叫做点燃源。例如，电气放电、高温热体等。在可燃性气体存在的场所中，电气设备就可能成为一种点燃源，例如，电气开关在接通或断开时就会产生电气放电，且这种现象在爆炸性气体环境中是一种十分危险的点燃源。

一般地讲，爆炸性物质的点燃源可以分为以下几类：电气放电、静电放电、碰撞与摩擦、固体热表面、激光辐射及其他一些点燃源等。

一、电气放电

电气开关放电，简称电气放电，作为爆炸性气体混合物的重要点燃源，主要是电气装置中的开关元件在开与关时产生的放电。这种放电是在有源网络中发生的放电，是一种“有源”式放电，具有很大的能量。

有源网络的放电，不仅包括电气装置在正常工作状态下出现的放电，例如，开关元件在闭合或断开瞬间产生的电气火花（小功率时）、电弧（大功率时）、直流电机在换向时电刷与整流子之间产生的火花，而且还有电气线路中因绝缘破坏出现漏电或短路所引起的放电火花或电弧。这一类的放电对于点燃爆炸性气体混合物具有极大的危险性。

(1) 电气放电的一般概念

根据燃烧与爆炸的热理论，电气放电点燃可燃性气体的过程是，在火花间隙处，电气放电把能量传递给可燃性气体的分子，使这些分子处于强烈激化和离子化状态。于是，燃烧过程——氧化放热反应开始，这一反应引起火花间隙处可燃性气体的温度激剧增高。

在有关燃烧与爆炸的理论著作中有对临界火焰核的描述，火焰核表面的温度就反映了火焰核产生的热量与它表面损失的热量之间的平衡状态。如果电气火花放电的初始能量足以形成火焰核，表面具有足够高的温度，且有一定的持续时间，就成为点燃源，引起周围爆炸性气体混合物点燃。特别是对那些很小的点燃能量就能使其点燃的混合物，电气放电就具有很大的危险性。

某些可燃性气体—空气混合物的燃烧特性和最小点燃能量如表 1-2 所示。

表 1-2　可燃性气体—空气混合物的燃烧特性和最小点燃能量举例

混合物	爆炸极限/%(体积比)		化学计算浓度/%	最小点燃能量/mJ	燃烧温度/K
	下限	上限			
甲烷	5.0	15.0	9.5	0.28	2 316
丙烷	2.37	9.5	4.0	0.25	2 383
甲苯	1.27	6.75	2.28		2 484
乙炔	2.5	81.0	7.75	0.019	2 893
氢	4.0	74.2	29.5	0.019	2 483
汽油—70	0.79	5.16	2.9	0.23	
丙酮	2.5	12.8	5.0		

(2) 火花放电的点燃特性

火花放电主要产生在电感性电路和电容性电路中（在电阻性电路中的放电被称作所谓的“接触式放电”）。

在电感性电路中，电感元件是火花放电的主要因素，它能以磁场的形式储存能量，并在电路分布电容的电场形成之后，把这些能量发射到放电火花中。根据电路参数和触头断开速度，火花放电可能是一次性击穿，也可能是多次性击穿。已经进行的火花放电点燃特性的研究指出，在电感性电路中，多次性击穿的火花放电是最危险的。

在电容性电路中，由于电路参数和开关条件的不同，可能产生火花放电或弧光放电及触头局部过热。触头局部过热会使触头材料熔化、气化和飞溅（接触式放电）。火花放电现象，常常是在电容器充足电、电极间隙击穿的瞬间触头相互接近或直接接触而产生的；同样，在电容器电压达到火花间隙击穿值的瞬间，触头发生分断或处于静止分断状态也会产生。

火花放电分三个阶段：

第一阶段，即放电形成阶段。在放电间隙上施加一个足以使放电间隙击穿的电压，通道形成。这一阶段的特点是放电电流小，放电间隙上的电压比较稳定。

第二阶段，即低阻放电通道形成阶段，形成电容放电。此时，放电通道流过的电流很大，放电通道出现的温度很高。这一阶段具有雪崩特性，总的持续时间在几分之一微秒到几微秒之间。

第三阶段，即火花通道破坏阶段。在第二阶段即电容放电之后，放电通道的电阻回升，电极间的电气强度恢复。

在大气压力条件下，产生火花放电的最小电压，当电极距离为 6～7 μm 时，是 300 V；当电极距离为 3～4 μm 时，是 150 V。

(3) 开关放电的点燃特性

实际的开关式放电，无论放电的持续时间，还是电极上能量损失的数量，都不同于电容的瞬时放电和近似理想条件的断路放电。然而，放电能量仍起主要作用。点燃能量的数值与电路的参数（电动势、电流、电感、电容）和爆炸性气体混合物的成分、开关的条件（断开的速度、触电的材质、形状）、压力和温度等因素有关。

电路参数和放电参数之间的关系具有重要的意义，因为放电的初始状态取决于放电的形式和放电间隙处能量的分布。电路中开关式放电发生在运动的触头间，当触头闭合或分开一定距离时就停止。这种放电，甚至在保持额定断路条件下，也不可能具有再现性。火焰核发展过程的不稳定性和电路散热条件的不稳定性，是这种放电出现不稳定的主要原因。

点燃的不稳定性表现在，在接近点燃极限处，每次点燃后能够重复发生爆炸的电路参数和没有发生爆炸的电路参数之间没有一个明显的界限。此时，电路参数的变化范围相当的宽。

(4) 弧光放电的点燃特性

当电路中发生弧光短路时，放电通道中具有很高的电流密度，并且放电通道中的温度可达 10 000～20 000℃，比甲烷—空气混合物的点燃温度高出许多倍。所以弧光放电不管持续时间多长，总是能够点燃一定体积的混合物。由于火焰核超过临界体积，它就可能引起爆炸。

在电容性电路中，弧光放电发生在电容器上的电压超过电弧燃烧的最小电压即大于 20 V的情况下，它是一种电弧通道中温度约几千度的高密度的粒子流。

弧光放电，既可以由火花间隙击穿后发生火花放电形成，也可以由电极接触时局部过热引起触头材料熔化形成。

二、静电放电

我们知道，高阻绝缘体因摩擦、挤压等原因会产生静电电荷。这些电荷随着摩擦、挤压等过程的延续而积累起来，于是，在这些绝缘体上就会出现很高的电压，即静电电压，如果遇到合适的条件，就可能发生静电放电。

静电放电，是一种“无源”式放电，相对于有源网络的电气放电来说，放电能量要弱一些。

静电放电的能量与很多因素有关，例如，静电电压、积累的电荷量、绝缘体的形状、放电间隙、绝缘体上放电面积等。静电放电火花能够点燃爆炸性气体—空气混合物。实验指出，球形电极与平面绝缘体之间的静电放电，在 2 500 V 时，点燃了氢气—空气爆炸性混合物。

三、碰撞与摩擦

一些固体在相互之间碰撞与摩擦时会产生一种火花，我们称之为机械火花。

“机械火花”被定义为一种由两个或多个固体发生碰撞或摩擦时，从固体上分离出来的微粒在碰撞或摩擦能量作用下发生燃烧的现象。

机械火花，在很多场合也被称作碰撞摩擦火花，是一种非电气放电，是由金属与金属、金属与岩石、岩石与岩石之间发生碰撞或摩擦而产生的火花。已经有很多文献记载，这种火花能够点燃爆炸性气体混合物。

在工业生产实践中，生产机械之间、生产机械与产品之间、生产机械与岩石之间常常发生碰撞和摩擦。在存在爆炸性气体混合物的生产现场中，由碰撞和摩擦而产生的机械火花点燃爆炸性气体混合物的可能性是比较大的。

四、固体热表面

固体热表面点燃可燃性气体—空气混合物，实际上就是所谓的“危险温度”的点燃。“危险温度”和电气火花、电弧一样，是爆炸性气体混合物的一种点燃源。

根据燃烧与爆炸的热理论可知，可燃性气体—空气混合物被“危险温度”点燃，可以分为两种方式：一种是可燃性气体—空气混合物被整个加热到某个温度时发生了燃烧；另一种是可燃性气体—空气混合物被具有某个温度的“点”点燃源所点燃，然后，燃烧在全部可燃性气体—空气混合物中继续蔓延下去。在测试时，发生可燃性气体燃烧时热表面的温度被称为这种可燃性气体的自燃温度。通常，人们也称这个自燃温度为可燃性气体的点燃温度。

固体热表面点燃可燃性气体—空气混合物的温度，比它的“自燃温度(点燃温度)”要高得多。这是因为固体热表面附近可燃性气体浓度特别低所造成的。可燃性气体在固体热表面上热能的作用下同这个表面上的表面物质发生了初始反应，消耗了一部分。另外，在初始阶段，固体热表面向可燃性气体传递了一部分热能，因而，它的温度也较低。因此，固体热表面必须具有更高的温度才能点燃它接触到的可燃性气体。

(1) 较大热表面的点燃

固体热表面点燃可燃性气体混合物的温度大小与很多因素有关。除可燃性气体的物理—化学性质外，例如，固体热表面的尺寸、材料、形状以及热表面同可燃性气体接触的时间和接触的速度等，都影响着这个点燃温度的大小，但是，没有发现其中的规律性。

有人用尺寸为 108 mm×12.7 mm×1.02 mm 的镍条加热后对天然气(甲烷 93.2%，乙烷 3.3%，高碳氢化合物和氮 1.5%)进行了点燃试验。试验发现，随着镍条宽度的减小，也就是散热面积的减小，点燃天然气的点燃温度增加了。同样尺寸、不同材料的其他金属条在不同的温度时点燃了同样浓度的天然气(图 1-1)。

试验发现，固体热表面在接触可燃性气体时有强烈的催化作用，这种作用将导致点燃温度增加。固体热表面接触可燃性气体的时间增长，点燃温度也将增高。

试验还发现，在固体热表面相等的情况下，表面积与体积比最小的物体具有最小的点燃温度。

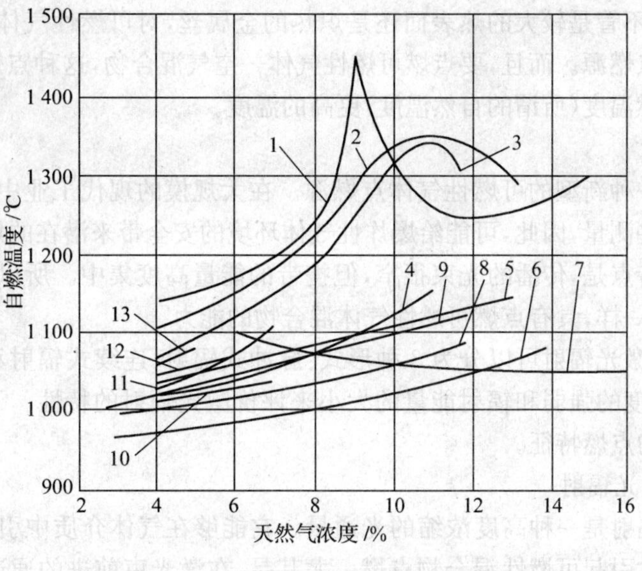

图 1-1　固体热表面的材料与点燃温度

1—白金；2—镍条(覆盖钯)；3—镍条(覆盖白金)；

4—铜镍合金；5—钨；6—特种钢；7—钼；

8—不锈钢；9—镍；10—钴铜；

11—螺纹钢；12—铜；13—金

(2) 炽热金属丝的点燃

炽热金属丝点燃爆炸性气体混合物，实质上，常常是指白炽灯丝对可燃性气体的点燃。

人们进行大量的试验研究后发现，白炽灯丝点燃可燃性气体混合物时存在一个最易点燃浓度，如表 1-3 所示。

表 1-3　白炽灯丝点燃可燃性气体的最易点燃浓度

可燃性气体	最易点燃浓度/%
甲烷	5.5～6.0
乙炔	30～60
氢	10～15
丙烷—丁烷	2～4
乙醚	6～10
汽油	142(mg/L)
二硫化碳	7.5

白炽灯丝点燃可燃性气体混合物，本质上是一种“火花”点燃，不是“温度”点燃。大家知道，白炽灯丝是在真空状态下被加到很高温度(大约 2 000℃)而发光的。因为是真空，所以灯丝没有被氧化、燃烧。一旦灯泡破碎，高温的灯丝立即被氧化，在空气中形成火花。这样的火花常常点燃了可燃性气体混合物。

大功率的白炽灯丝，在灯泡破碎时可能没有完全被氧化、发光，此时，它的点燃仍是热表面的点燃。

固体热表面,不管是较大的热表面还是炽热的金属丝,对可燃性气体混合物来说,都是一种“危险温度”点燃源。而且,要点燃可燃性气体—空气混合物,这种点燃源就需要具有比可燃性气体的点燃温度(所谓的自然温度)更高的温度。

五、激光辐射

激光辐射是一种新型的可燃性气体点燃源。在大规模的现代工业中,人们有时使用激光仪器来进行某些测量,因此,可能给爆炸性气体环境的安全带来潜在的危险。

激光辐射的特点是,传播的光束很窄,但携带的能量高度集中。所以,激光“火花”和电气火花、机械火花一样,具有点燃可燃性气体混合物的能力。

通常情况下,激光辐射可以分为 3 种形式:脉冲式辐射、连续式辐射和周期式辐射。通常,人们用辐射强度的强弱和辐射能量的大小来评价激光辐射的特性。下面我们简单地讨论一下激光辐射的点燃特征。

(1) 脉冲式激光辐射

脉冲式激光辐射是一种高度浓缩的光通量。它能够在气体介质中引起光击穿,通过可燃性气体混合物时引起可燃性混合物点燃。尤其是,在激光束前进的通道(空气)中存在悬浮状尘埃时,激光辐射很容易点燃可燃性气体混合物和可燃性粉尘。

(2) 连续式激光辐射

连续式激光辐射点燃可燃性气体混合物的点燃机理,不同于脉冲式激光辐射的那种情况,不是由于光击穿引起点燃的,而是由于辐射加热了受照射点出现高温引起点燃的。

试验研究指出,物体上受照射点的温度不仅与激光的辐射能量有关,而且还与受照射点材料的导热系数有关。在同样的辐射条件下,受照射材料的导热系数越小,受照射点的温度就越高,因而,也就越具有点燃的危险性。

当然,受照射点的温度与辐射功率的大小的关系是不言而喻的,辐射功率越大,受照射点温度越高。

(3) 周期式激光辐射

试验研究表明,周期式激光辐射,同时具有脉冲式激光辐射和连续式激光辐射的性质。

第四节 电气在爆炸事故预防中的重要性

从上一节关于点燃源的介绍,可以看出在普通电气设备、电气线路上,电气放电、碰撞和摩擦、固体热表面等是大量存在的。因此,电气本身就具有火灾和爆炸的危险性,在火灾、爆炸事故中电气导致的占有很大的比例。如线路、电动机、开关等电气设备都可能引起火灾。变压器等带油电气设备除了可能发生火灾,还有爆炸的危险。造成电气火灾与爆炸的原因很多。电流产生的热量和火花或电弧是引发火灾和爆炸事故的直接原因。

一、普通电气设备的火灾、爆炸危险性

(1) 过热

电气设备过热主要是由电流产生的热量造成的。

导体的电阻虽然很小,但其电阻是客观存在的。因此,电流通过导体时要消耗一定的电能,这部分电能转化为热能,使导体温度升高,并使其周围的其他材料受热。对于电动机和变压器等带有铁磁材料的电气设备,除电流通过导体产生的热量外,还有在铁磁材料中产生的热量。因此，这类电气设备的铁芯也是一个热源。

当电气设备的绝缘性能降低时，通过绝缘材料的泄漏电流增加，可能导致绝缘材料温度升高。

由上面的分析可知，电气设备运行时总是要发热的，但是，设计、施工正确及运行正常的电气设备，其最高温度和其与周围环境温差（即最高温升）都不会超过某一允许范围。例如，裸导线和塑料绝缘线的最高温度一般不超过70℃。也就是说，电气设备正常的发热是允许的。但当电气设备的正常运行遭到破坏时，发热量要增加，温度升高，达到一定条件，可能引起火灾。

引起电气设备过热的不正常运行大体包括以下几种情况：

① 短路。发生短路时，线路中的电流增加为正常时的几倍甚至几十倍，使设备温度急剧上升，大大超过允许范围。如果温度达到可燃物的自燃点，即引起燃烧，从而导致火灾。

下面是引起短路的几种常见情况：电气设备的绝缘老化变质，或受到高温、潮湿或腐蚀的作用失去绝缘能力；绝缘导线直接缠绕、勾挂在铁钉或铁丝上时，由于磨损和铁锈蚀，使绝缘破坏；设备安装不当或工作疏忽，使电气设备的绝缘受到机械损伤；雷击等过电压的作用，电气设备的绝缘可能遭到击穿；在安装和检修工作中，由于接线和操作的错误等。

② 过载。过载会引起电气设备发热，造成过载的原因大体上有以下两种情况：一是设计时选用线路或设备不合理，以至在额定负载下产生过热；二是使用不合理，即线路或设备的负载超过额定值，或连续使用时间过长，超过线路或设备的设计能力，由此造成过热。

③ 接触不良。接触部分是发生过热的一个重点部位，易造成局部发热、烧毁。有下列几种情况易引起接触不良：不可拆卸的接头连接不牢、焊接不良或接头处混有杂质，都会增加接触电阻而导致接头过热；可拆卸的接头连接不紧密或由于震动变松，也会导致接头发热；活动触头，如闸刀开关的触头、插头的触头、灯泡与灯座的接触处等活动触头，如果没有足够的接触压力或接触表面粗糙不平，会导致触头过热；对于铜铝接头，由于铜和铝电性不同，接头处易因电解作用而腐蚀，从而导致接头过热。

④ 铁芯发热。变压器、电动机等设备的铁芯，如果铁芯绝缘损坏或承受长时间过电压，涡流损耗和磁滞损耗将增加，使设备过热。

⑤ 散热不良。各种电气设备在设计和安装时都要考虑有一定的散热或通风措施，如果这些部分受到破坏，就会造成设备过热。

此外，电炉等直接利用电流的热量进行工作的电气设备，工作温度都比较高，如安置或使用不当，均可能引起火灾。

(2) 电火花和电弧

一般电火花的温度都很高，特别是电弧，温度可高达3 000～6 000℃，因此，电火花和电弧不仅能引起可燃物燃烧，还能使金属熔化、飞溅，构成危险的火源。在有爆炸危险的场所，电火花和电弧更是引起火灾和爆炸的一个十分危险的因素。

电火花大体包括工作火花和事故火花两类。

工作火花是指电气设备正常工作时或正常操作过程中产生的。如开关或接触器开合时产生的火花、插销拔出或插入时的火花等。

事故火花是线路或设备发生故障时出现的。如发生短路或接地时出现的火花、绝缘损坏时出现的闪光、导线连接松脱时的火花、保险丝熔断时的火花、过电压放电火花、静电火花以及修理工作中错误操作引起的火花等。

此外，还有因碰撞引起的机械性质的火花；灯泡破碎时，炽热的灯丝有类似火花的危险作用。

电气设备过热、电火花和电弧在一般环境中已是火灾和爆炸的危险源，在一个大量存在爆炸危险性混合物的环境中，一个很小，即使瞬间即逝的电火花，就有足够的能量，引发一起极其可怕的爆炸事故。

由此可见，普通电气设备因其有足够的点燃能量，是不能用在爆炸性危险场所中的。

二、防爆电气的特殊性和重要性

在防爆技术中，电气设备是一切利用电能的设备的整体和部分，如发电、输电、配电、蓄电、电测、调节、变流、用电设备和电讯工程设备等。这个范围要比普通电气的范围宽一些。

和普通电气设备相比，首先，防爆电气设备是一种广泛使用于爆炸危险场所的安全设备，是特种设备，它不仅要具有普通电气设备的功能，更重要的是它还必须具有防爆安全的功能，对于防爆电气作业人员来说，认识这一点尤其重要。普通电气设备能正常地接通、通过、断开电流，正常地完成电能转换为其他能量就符合要求了，但防爆电气设备要在满足这些要求时，还要严格地限制自身的电火花、电弧、温度，严格地限制外部的爆炸性物质进入设备内部，还要尽量缩小爆炸空间、尽量减少爆炸危害，凡此等等，防爆电气设备才成为石油、化工、煤矿、纺织、粮食加工以及军工等重要工业部门不可或缺的安全设备。防爆电气设备一旦失去防爆安全性便可能产生爆炸事故，造成重大的人员伤亡，厂房、设备损坏以及环境破坏。

其次，防爆电气安全是系统工程，它包括防爆电气设备的设计、制造，危险场所的分类，防爆电气设备的选型、安装、维护、检修、检验，以及与此有关的质量控制、人员培训等各个环节。任何环节的疏忽都可能使防爆电气失去防爆安全性。对于防爆电气作业人员来说，不能全面、正确掌握防爆的安全知识，不了解防爆电气的原理、结构、性能，不掌握防爆电气的技术要求，不能正确安装、使用、维护、检修、检验或送检，性能质量再好的防爆电气设备，不仅不能起到防爆作用，甚至可能成为危及安全的可怕杀手。许多惨痛的爆炸事故都证实了这点。例如，防爆电气设备电缆引入装置中的橡胶密封圈，是保持其防爆机能的重要零件，这个零件在使用中往往被人们所忽视，不能被准确地选型、安装和维护。如：有的作业人员在维修后未将其压紧，有的选用的密封圈尺寸和材质不符合尺度要求，有的检验后干脆不安装密封圈。结果就使危险场所中的可燃性气体可以畅通无阻地进入接线盒空腔内。一旦接线盒内的接线端子的连接处产生电弧、火花时，就可能点燃可燃性气体，引起爆炸。类似这种不能安全使用防爆电气设备而引起爆炸事故的例子在爆炸事故的统计中占有很大的比例。

我国的安全生产方针是“安全第一，预防为主”，预防火灾和爆炸事故是安全管理极其重要的内容。由此可见，防爆电气作业人员比一般的电工作业人员担负着更重大的安全责任，在电气安全技术的掌握上有更高的要求。

第二章　爆炸性危险场所

第一节　爆炸性危险场所的基本概念

一、基本概念

爆炸性危险场所是爆炸性气体、粉尘环境出现或预期可能出现的数量达到足以要求对电气设备的结构、安装和使用采用专门措施的区域。

爆炸性气体环境是在大气条件下，气体或蒸气可燃物质与空气的混合物被点燃后，燃烧将传至全部未燃烧混合物的环境。

可燃性粉尘环境是在大气条件下，粉尘、纤维或飞絮的可燃物质与空气的混合物，这些混合物引燃后，燃烧将传遍整个未燃混合物的环境。

爆炸性危险环境是三维区域或空间，因此，爆炸性危险场所也是指三维区域或空间。

与爆炸性危险场所相对的便是非危险场所。非危险场所也可能有爆炸性气体，但这个爆炸性气体环境预期不会大量出现；可燃性粉尘不会达到允许形成有效的可燃性粉尘—空气混合物的程度，这些场所不要求对电气设备的结构、安装和使用采取专门预防措施，或只需要采取一般的防护措施。

爆炸性危险场所按存在物质的物态的不同，划分为爆炸性气体环境和可燃性粉尘环境。

二、目的和意义

危险场所分类是实现防爆电气设备安全使用的最重要的基础工作。

在生产、处理、使用、储存、运输易燃易爆危险物品的场所，通常有产生爆炸事故的危险。

在具体的实践中，由于爆炸性物质的化学及物理性质、出现的方式、涉及的范围、存在的概率和持续的时间各不相同，发生爆炸的可能性及危害程度都不一样。因此，根据爆炸性物质出现的频繁程度和持续时间划定爆炸危险场所区域是可行的。

只有对危险场所进行合理的分类，才能合理地进行防爆电气设备的选型，才能正确地进行防爆电气设备的安装、维修，并有助于采取其他必要的安全技术措施，例如：安装换气排气扇、安装可燃性气体检测报警装置、使用无火花工具、控制其他危险点燃源、实施安全管理措施等。

因为在危险场所，要保证爆炸性气体环境、可燃性粉尘环境永不出现是困难的。同样，要确保使用于危险场所的电气设备永不成为点燃源也是困难的。因此，危险性大的场所（即出现爆炸性气体、可燃性粉尘可能性大的场所）应选择安全性能高的防爆电气设备类型。反之，对于危险稍小的场所，可选择安全性稍低，但仍具有足够安全性、价格相对便宜的防爆电气设备类型。这样，才能使危险场所电气设备既有足够的安全性，又有良好的经济性。

第二节　爆炸性危险物质分类、分级

一个场所是否具有爆炸危险性，首先要看这个场所存在什么样的物质。对于爆炸性危险物质还要进行分类、分级、分组，由此再对爆炸性危险场所进行分区。

一、物质的点燃特性

一个场所，可能存在很多点燃源。在任何加工厂内，电气设备的电火花和温度是产生爆炸的主要点燃源之一。

不同爆炸性物质的电火花和温度点燃特性各不相同，如表2-1。

表2-1　电火花和温度点燃特性举例

物质 点燃特性	丙烷	乙烯	氢气
电火花—MIE，μJ	180	60	20
温度—AIT，℃	466(T1)	425(T2)	560(T1)

爆炸性物质的电火花和温度点燃特性是进行分类、分级的依据之一。

二、爆炸性危险物质分类

(1) 我国将爆炸性危险物质分为三类：

Ⅰ类：矿井甲烷；

Ⅱ类：爆炸性气体混合物(含蒸气、薄雾)；

Ⅲ类：可燃性粉尘和纤维。

(2) 北美将爆炸性危险物质分为三类(级)：

CLASS Ⅰ：爆炸性气体；

CLASS Ⅱ：可燃性粉尘；

CLASS Ⅲ：纤维。

我国所指的Ⅰ类爆炸性物质是指矿井甲烷，俗称"瓦斯"气体。造成煤矿爆炸的主要原因是矿井中甲烷气体浓度达到爆炸极限，遇点燃源引起爆炸。由于煤矿井下环境特殊，故把甲烷专门列为Ⅰ类。矿用防爆电气设备主要是能防止甲烷爆炸，其他可燃气体在矿井中含量甚少，在电气防爆性能方面不做专门考虑。所以矿用防爆电气设备在其他危险场所中不适用。

Ⅱ类爆炸性物质包括爆炸性气体和爆炸性蒸气。所谓爆炸性气体是指可燃气体，即氢、一氧化碳、环氧乙烷等与空气混合，浓度达到爆炸极限时的气体混合物。所谓爆炸性蒸气是指易燃液体如丙酮、汽油等的蒸气或细小液滴与空气混合，浓度达到爆炸极限的气体混合物或薄雾。

需要指出的是，相互接触能自动发生爆炸的气体、蒸气不在此列。例如氟与氢、氯与乙炔、臭氧与乙醇蒸气等形成的爆炸性气体不属Ⅱ类，因为这些爆炸性气体相遇引起爆炸的原因与前述不同。

Ⅲ类爆炸性物质包括可燃性粉尘和爆炸性纤维。它是指能产生爆炸的粉尘、纤维，包括可燃性粉尘或纤维，如棉花纤维与空气混合，浓度达到爆炸极限的混合物。由于导电粉尘具有更大的危险性，因此可燃性粉尘按其导电性能，分为导电粉尘(如铝粉等)和非导电粉尘(如淀粉等)。

炸药类粉尘(或纤维)爆炸时威力很大，电气设备需具备足够强度才不致被破坏。因此，炸药类物质不属于可燃性粉尘、纤维之列。可燃性粉尘环境用电气设备不适用于炸药生产场所。

三、爆炸性危险气体分级

爆炸性危险气体分级是依据最大试验安全间隙或最小点燃电流比，或同时使用这两者来划分的。

最大试验安全间隙：是在标准条件下，壳内所有浓度的被试验气体或蒸气与空气的混合物点燃后，通过25 mm长的接合面均不能点燃壳外爆炸性混合物的外壳空腔两部分的间隙。

最小点燃电流比：最小点燃电流是在规定条件下，能点燃最易点燃混合物的最小电流。最小点燃电流与实验室用甲烷的最小点燃电流之比为最小点燃电流比。

最大试验安全间隙(MESG)和最小安全点燃电流比(MICR)分级见表 2－2，举例如表2－3。

表 2－2 最大试验安全间隙(MESG)和最小安全点燃电流比(MICR)分级

级 别	最大试验安全间隙(MESG)/mm	最小点燃电流比(MICR)
ⅡA	＞0.9	＞0.8
ⅡB	0.5≤MESG≤0.9	0.45≤MICR≤0.8
ⅡC	＜0.5	＜0.45

表 2－3 爆炸危险性气体分级举例表

典型气体	中国、IEC、欧洲爆炸	北美爆炸(GROUP)	点燃特性
甲烷	Ⅰ	D	难
丙烷	ⅡA		
乙烯	ⅡB	C	
氢气	ⅡC	B	
乙炔		A	易

从表 2－3 中可以看出，Ⅰ级气体需要的点燃能量最大，ⅡC 级气体则最容易点燃。

四、爆炸性危险气体分组

我国将爆炸性气体按其引燃温度分为 T1～T6 六个组别，北美对温度组别的划分与 IEC 一致，只是将组别划分得更细致一些，共分成 14 个温度组别。表 2－4 给出了两种分组体系的对应关系。

表 2－4 温度组别与引燃温度关系表

中国 IEC 欧洲标准	北美标准	气体易燃温度 t/℃	点燃特性
T1	T1	＞450	难
T2	T2	$450 \geqslant t > 300$	
T2	T2A	$300 \geqslant t > 280$	
T2	T2B	$280 \geqslant t > 260$	
T2	T2C	$260 \geqslant t > 230$	
T2	T2D	$230 \geqslant t > 215$	
T3	T3	$215 \geqslant t > 200$	
T3	T3A	$200 \geqslant t > 180$	
T3	T3B	$180 \geqslant t > 165$	
T3	T3C	$165 \geqslant t > 160$	
T4	T4	$160 \geqslant t > 135$	
T4	T4A	$135 \geqslant t > 120$	
T5	T5	$120 \geqslant t > 100$	
T6	T6	$100 \geqslant t > 85$	易

从表 2-4 可以看出，不同爆炸性气体的引燃温度不同。温度组别 T1 的气体引燃温度最高，而温度组别为 T6 的气体则最易被点燃。在实践中，为了防止因电气设备发热导致爆炸性环境引爆，我们应严格控制电气设备的最高表面温度，并确保设备的最高表面温度不超过设备可能接触到的气体的引燃温度。因此，就电气设备的最高表面温度而言，凡满足 T6 温度组别的气体环境用的电气设备，也必能满足 T1～T5 组别的气体环境应用的要求。

五、可燃性粉尘分类和分组

如前所述，可燃性粉尘按其导电特性，可分为导电粉尘和非导电粉尘两种类型。凡电阻率小于或等于 $1\times10^3\,\Omega\cdot m$ 的粉尘、纤维或飞扬(絮)物可认定为导电粉尘，否则可认定为非导电粉尘。

最新国际标准将可燃性粉尘和纤维定义为Ⅲ类爆炸性物质，并将所有可燃性粉尘和纤维细分为ⅢA、ⅢB 和ⅢC 三个级。其中，ⅢA 为爆炸性纤维，ⅢB 为非导电粉尘，ⅢC 为导电性粉尘。很显然，ⅢC 物质最危险，而ⅢB 次之。

关于可燃性粉尘的分组，依据现行国家标准的规定，可燃性粉尘按其最低点燃温度进行分组，分成 T1～T6 六个温度组别。具体分组方法与爆炸性气体引燃温度分组相同。

可燃性粉尘的点燃温度分为粉尘—空气混合物最低点燃温度(即粉尘云最低点燃温度，T_{cl})和粉尘层最低点燃温度。

粉尘层最低点燃温度通常又分为粉尘层厚度为 5 mm 的最低点燃温度($T_{5\,mm}$)和粉尘层厚度为 12.5 mm 的最低点燃温度($T_{12.5\,mm}$)。这些点燃温度数据通常可通过查阅相关手册或通过试验获得。

第三节　爆炸性气体危险场所分类

一、危险场所分类工作的主要内容

危险场所分类工作主要有两方面的内容：

(1) 根据爆炸性气体环境出现的频率和持续时间把危险场所分为三个区域

0 区：爆炸性气体环境连续出现或长时间存在的场所；

1 区：在正常运行时，可能出现爆炸性气体环境的场所；

2 区：在正常运行时，不可能出现爆炸性气体环境，如果出现也是偶尔发生，并且仅是短时间存在的场所。

(2) 确定危险场所存在的数量和范围

因为仅仅确定某处危险场所的区域类别还不够，还必须确定这类危险场所在设备内部和周围存在的数量，而且要确定每类危险场所的空间范围，也就是说要对场所的空间范围进行准确的定量。

二、危险场所分类的基本安全原则

(1) 对处理或贮存可燃性物质的设备及装置进行设计时，应尽可能使危险场所的类别成为危险性最小的类别，尤其应使 0 区场所及 1 区场所的数量及范围都成为最小，亦即尽可能使大多数的危险场所都成为 2 区场所。

(2) 工艺流程用设备应主要为 2 级释放源，如果达不到此要求，也应使该释放源以极有限的量及释放率向空气中释放。

(3) 危险场所的类别确定后，不得随意进行变更。对于维修后的工艺设备，必须认真检查后确认其是否能保证原有设计的安全水平。

三、危险场所分类的思路

由爆炸性气体危险场所的定义可知，爆炸性气体环境出现或预期可能出现的数量达到足以要求对电气设备的结构、安装和使用采取专门安全预防措施的区域。

由定义可见，判断场所是否为危险场所，主要根据该场所是否可能出现爆炸性气体环境，而爆炸性气体环境形成的条件，是可燃性气体的浓度范围是否处于爆炸极限范围内。可燃性气体在空气中的浓度在这个爆炸极限(即爆炸下限和爆炸上限)范围内，遇点燃源即可形成爆炸；若超出这个范围，即使用很强的点燃源也不能激发爆炸。也就是说，凡是浓度低于爆炸下限或高于爆炸上限的混合物，与点燃源接触时都不会引起火焰自行传播。浓度低于爆炸下限时，由于过量的空气作为惰性介质参与燃烧反应，消耗一部分反应热，起了冷却作用，阻碍火焰自行传播；相反，浓度高于爆炸上限时，由于可燃物过剩，即空气量不足，导致化学反应不完全，反应放出的热量小于损耗的热量，因而也阻碍火焰蔓延。

由上述可见，场所中的可燃性气体出现的数量是决定场所危险性的关键，而场所中可燃性气体的出现，主要取决于可燃性气体释放源及影响可燃性气体积聚的通风状况。因此，我们可以理出这样一个解决问题的思路：场所根据其危险性大小分类——场所的危险性取决于场所中爆炸性气体环境出现的数量——爆炸性气体环境是由可燃性气体的出现数量，即爆炸极限决定的——可燃性气体出现的数量取决于释放源和场所的通风状况。

四、场所分类的方法

场所分类方法的核心问题是对场所中可能出现爆炸性气体环境基本概率的分析，这需要有经验的专业人员的研究和参与，同时，要积累和收集场所中每台设备的运行状况和场所环境因素等资料。因此，场所分类应由熟悉可燃性物质性能、设备和工艺状况的专业人员与从事安全、电气及其他相关工程技术人员讨论确定。具体方法如下。

(1) 查找和确定释放源

场所中存在可燃性气体或蒸气才有可能形成爆炸性气体环境。因此，首先必须查找场所中的含有可燃性物质的储存设备、加工设备或输送管道是否可能向场所中释放出可燃性气体或蒸气，或者空气是否可能进入容器内与可燃性气体或蒸气混合形成爆炸性混合物。

每一台设备(例如储罐、管道、泵、压缩机等)，如果其内部含有可燃性物质，就应该被视为潜在的释放源。如果它们不可能含有可燃性物质，那么很明显它们的周围就不会形成爆炸性混合物。如果该类设备虽含有可燃性物质，但不可能逸出或泄漏到场所中，则可以不视为释放源(例如，设置于某一空间的无接缝的管道)。

如果已确认设备会向场所中释放可燃性物质，则应先确定释放频率和持续时间，并据此确定释放源的等级：

① 连续级释放源：连续释放或预计长期释放的释放源。

如，固定顶的油罐上部空间和排气口；敞开的可燃性液体容器的液面附近处等，均应视为连续级释放源。

② 1 级释放源：在正常运行时，预计可能周期性或偶尔释放的释放源。

如，正常运行时，预计会向周围场所释放可燃性物质的泵、压缩机或阀门的密封处；含有可燃性液体的容器上的排水口处；正常工作时，预计可燃性物质可能释放到周围场所中的取样点；正常工作中，预计会释放可燃性物质的泄压阀、排气孔或其他开孔等均应视为1级释放源。

③ 2级释放源：在正常运行时，预计不可能释放，如果释放也仅是偶尔和短期释放的释放源。

如，正常运行时，不可能泄漏的压缩机或阀门的密封处；正常运行时，不可能泄漏的法兰、连接件或管道接头；正常运行时，不可能向周围场所释放可燃性物质的取样点等均应视为2级释放源。

(2) 确定危险场所的区域类型

划分危险场所的区域类型主要依据场所中的释放源等级和通风条件。

一般来说，连续级释放源形成0区危险场所；1级释放源形成1区危险场所；2级释放源形成2区危险场所。

同时应根据通风条件确定区域划分。如通风良好时，可降低危险场所的区域类别。反之，如通风不良时，可提高危险场所的区域类别。这是因为释放到周围场所中的可燃性气体或蒸气，会借助于通风形成的空气流动或扩散，使其浓度稀释至爆炸下限以下。

(3) 确定危险场所的区域范围

影响危险场所区域范围的有可燃性气体或蒸气的释放速率、气体的爆炸下限、相对密度、通风条件等诸多因素，因此要对它们的影响综合分析后，确定危险场所的区域范围。

五、影响危险场所区域范围的因素

(1) 可燃性物质的释放速率

释放速率越大，单位时间内释放到周围场所中的可燃性物质的量就越多，则危险区域的范围相应就越大。

(2) 爆炸下限

对于一定的释放量，爆炸下限降低，则浓度达到爆炸下限之上的爆炸性气体混合物的量就相应增加，危险区域的范围也会相应变大。

(3) 气体或蒸气的相对密度

如果气体或蒸气的相对密度比空气小，那么轻于空气的气体和蒸气就向上飘逸，这样，释放源上方垂直方向的危险区域范围将随着相对密度的减小而扩大；如果气体或蒸气的相对密度比空气大，那么重于空气的气体或蒸气就趋于沉积在地面上，这样，在地面附近，危险区域的水平范围将随着相对密度的减小而扩大。

(4) 通风

加大通风量，可以缩小危险区域的范围。这是因为通风可以将场所中泄漏的可燃性气体或蒸气吹散或稀释，使危险区域的范围缩小。如果通风效果良好，通风换气量足够大，并且通风连续存在，例如，有备用风机等，则可以降低危险场所的区域类别。

此外，释放源周围的障碍物可以影响通风效果，使危险区域的范围扩大。另一方面，如果障碍物(如堤坝、围墙、天花板等)能阻挡可燃性气体或蒸气向周围进一步扩散，这时障碍物能限制危险区域的范围进一步向外围扩展。

不同的通风条件对危险区域范围的影响可以分析如下：

① 自然通风和整体强制通风时

如上所述，虽然通常情况下连续级释放源形成0区场所，1级释放源形成1区场所，2级释放源形成2区场所。但是，实际的生产现场由于通风的影响，情况要复杂得多。例如，通风良好，也许会使危险场所的区域范围小到忽略不计，也许会成为危险性较低的区域类别。

如果通风效果特别好，也许会成为非危险场所。反之，如果通风不良，也许会扩大危险场所的区域范围，也许会成为危险性较高的区域类别。

② 局部强制通风时

一般情况下，采用局部强制通风稀释爆炸性混合物，比自然通风和整体强制通风的效果更好。其结果会使危险场所的区域范围缩小，甚至会缩小至可忽略不计的程度，也许会成为危险性较低的区域类别，甚至成为非危险场所。

③ 无通风时

无通风的场所存在释放源时，连续级释放源肯定会形成 0 区场所，1 级释放源也可能形成 0 区场所，2 级释放源也可能形成 1 区场所。但是，特殊情况下，例如释放量极小或监视释放时，也可能使之成为危险性较低的类别。

④ 障碍物限制通风时

如果危险场所内有障碍物影响通风时，则会使危险场所的范围扩大，或使之成为危险性较高的类别。

考虑障碍物影响时，应特别注意地坑及凹处的气体或蒸气的相对密度。

⑤ 通风装置出现故障时

对危险场所进行分类是以通风装置正常工作为前提的。如果通风装置故障时的危险可以忽略不计（如另外设置有自动待机系统时），则没有必要改变以通风装置正常工作为前提所确定的危险场所分类。但是，如果通风装置的故障危险不容忽视，则应预测无强制通风时爆炸性混合物的范围的扩大程度，同时还应预测通风装置出现故障的频率及持续时间，并据此来确定场所的类别。

如果通风装置不出现故障或即使有故障也很短暂，则应把因通风装置的故障而扩展的危险场所定为 2 区场所。

如果在通风装置出现故障时，能够采取措施防止可燃性物质的释放（例如：工艺流程自动停止），则不必改变原确定的场所分类。

⑥ 其他条件

气候条件、地形等其他因素也能影响爆炸危险区域的范围。综上，在确定危险区域时应注意以下事项：

重于空气的气体或蒸气可能流入低于地面的空间，例如凹槽和沟；轻于空气的气体或蒸气可能会滞留在高处的空间，例如屋顶空间；如果释放源位于车间外面或场所附近，应该采取措施防止大量的可燃性气体或蒸气进入车间或场所；通风的状况对爆炸危险场所的范围影响很大，在进行区域划分时应十分注意。

六、根据危险场所分类示意图和危险场所划分举例确定场所类别及范围

在生产现场仅根据成套设备或成套设备设计的粗略审查，就把设备周围的各部分确定为 0 区、1 区或 2 区场所几乎是不可能的，而必须仔细地分析爆炸性混合物形成的各种可能性。

要想确定可燃性物质释放的频度、释放时间、释放速率、浓度、通风及其他影响危险场所类别、范围的要素，就必须对可能形成释放源的容纳可燃性物质的工艺流程用设备逐一进行仔细的考察分析。国家标准《爆炸性气体环境用电气设备　第 14 部分：危险场所分类》（GB3836.14—2000）中给出了“危险场所分类示意图”及“危险场所划分举例”的提示性附录，这些资料为掌握场所分类原理及方法提供了实际帮助。但是标准中给出的一些危险区域范围示例都是在一定条件下划分的，使用时应注意其限定条件。标准中给出的示例仅是指导性范例，若要将标准中的例子用于实际的场所分类，必须考虑实际的特殊环境和各种不同情况的特殊细节，例如，油井设施危险区域的划分是指在一般情况下确定的。如果油井的油压或气压非常高，则危险区域的相应范围就会扩大。此外，每个例子中只给出了一些影响参数，而不是全部，一般情况下，考虑到这些因素是特殊规定的，而且有一些是定性的而不是定量的，所以分类结果较为保守。也就是说，若可能更严密地规定运行参数，便会得到更准确的场所分类结果。

第四节　可燃性粉尘区域划分

上述气体和蒸气的区域划分为 3 个区域：0 区、1 区和 2 区，但是气体和粉尘的区域划分用共同的方法是不适宜的。

不同于气体或蒸气划分区域，存在可燃性粉尘的场所不能根据时间而分为正常或异常条件，因为粉尘不同于气体或蒸气，不能通过规定时间内的通风自己排除。事实上会适得其反，在加速通风时可能会产生粉尘云，并因此会产生更大的而不是更小的危险条件。一旦形成粉尘层，就会出现堆积并且是半永久性的，除非进行物理方法清理能够安全地排入集尘箱内。因此设置在粉尘环境中的电气设备应为尘密的，并且其表面温度极限要低于粉尘云或粉尘层的点燃温度。

安装在主要粉尘危险区域之外场所中的设备，由于工厂中的偶然事故或任何不适当的故障发生，而可能使其暂时处在充满粉尘的环境内，设备应为防尘的，并且其表面温度极限低于粉尘最低点燃温度。

一、可燃性粉尘环境的区域范围

可燃性粉尘环境的区域范围定义：粉尘释放源的边缘到被认为与该区域有关的危险不再存在的任何方向上的距离。应考虑细粉尘因建筑物内空气流动而从释放源出来向上扩散的实际情况。当对已分类场所之间的小范围未分类场所进行分类时，该类别应该延至整个场所。

二、分区

(1) 20 区

20 区范围包括：可燃性粉尘—空气混合物长期持续地或者经常在管道、生产和处理设备内存在的区域。

如果粉尘容器外部持续存在可燃性粉尘—空气混合物，则要求划分为 20 区。但在工作场所产生 20 区的情况是被禁止的。

(2) 21 区

在大多数情况下，21 区范围可通过与形成可燃性粉尘—空气混合物环境有关的释放源的评价来规定。

21 区的范围如下：

① 可能出现可燃性粉尘—空气混合物的一些粉尘处理设备内部。

② 由释放源形成的设备外部场所，它取决于粉尘的一些参数，如粉尘量、流量、颗粒大小和物料的湿度。通常，释放源周围 1 m 的距离就已足够(垂直向下延至地面或者楼板水平面)。对于建筑外部场所(露天)，21 区范围会由于气候的影响，例如风、雨等而改变。

③ 如果粉尘的扩散受到实体结构(墙壁等)的限制,它们的表面可作为该区域的边界。

一些实际情况的考虑可能是使考虑中的整个场所被分类为 21 区是适合要求的。

(3) 22 区

在大多数情况下,22 区范围可通过与形成可燃性粉尘—空气混合物环境有关的释放源的评审来规定。

由释放源形成的场所范围也取决于粉尘的一些参数,如粉尘量、流量、颗粒大小和物料的湿度。

① 通常,21 区周围或释放源周围 1 m 的距离就已足够。对于建筑外部场所(露天)。由于气候的影响,如风、雨等原因,22 区的范围可以减小。

② 如果粉尘的扩散受到实体结构(墙壁等)的限制,它们的表面可作为该区域的边界。

一些实际情况的考虑可能是使考虑中的整个场所被分类为 22 区是适合要求的。

一个位于内部未被限制的 21 区(不受实体结构限制,例如一个有敞开孔的容器)将始终被 22 区包围。

上述三个区域,形成了三个系统。

在场所分类评定期间,发现粉尘层已经堆积在原 22 区外面,那么需要更细的分类,应考虑粉尘层范围和该粉尘层受扰动产生粉尘云的可能性。

三、场所分类的原则

场所分类一是依据多个粉尘释放源的释放量,二是需要了解用于加工中的材料特性,同时,还必须考虑设备的操作和维护方式(包括现场清理)。危险区域的定义仅涉及粉尘云的危险。进行场所分类的程序如下:

(1) 第一步:确定材料特性,材料是否具有可燃性,如颗粒尺寸、含水量、粉尘层和粉尘云、最低点燃温度和电阻系数。

(2) 第二步:确定粉尘保护壳或可能出现的粉尘释放源。

(3) 第三步:确定粉尘释放源发生释放的可能性以及装置各处出现爆炸性粉尘—空气混合物的可能性。

(4) 第四步:确定形成爆炸性危险粉尘层的可能性。

只有在履行以上四步程序后,才可对场所进行分类。

装置应按照尽量避免对装置外部环境再次进行场所分类的原则设置。

实际的应用现场情况复杂,各种现场的解决方案均不同。因而,应由具有丰富经验且熟悉工厂环境的专业人员联合安全、过程和电气领域的专家,依照以上程序进行场所分类。

四、场所分类的程序

粉尘场所分类的原理与气体场所类似,主要通过识别点燃源从而避免火灾和/或爆炸的危险。但是,可燃性粉尘在释放后,不可能通过通风或稀释的方法来消除,这点与气体场所完全不同,这就意味着粉尘场所分类与气体场所分类有本质的差异,如果可燃性粉尘被稀释,则爆炸性粉尘层不会出现或出现的时间很短暂,这种情况下终究会导致粉尘堆积,形成厚的粉尘层,而快速的空气流动会使这种粉尘层转换成粉尘云,从而形成爆炸性粉尘环境,受干扰的燃烧的粉尘层会引燃周围的粉尘云。

(1) 识别粉尘释放源

通常,需确定工厂内可能形成爆炸性粉尘环境或产生可燃性粉尘层的过程设备、过程工艺或其他行为。

对于粉尘贮存系统的内部和外部需分别考虑。

粉尘贮存系统的内部也存在不同的情况，内部存贮或处理大量粉尘产品的装置（如地窖、磨坊、混合器）与通常内部无粉尘堆积的装置是不一样的。

同样，贮存系统外部的场所分类也受许多因素的影响。

① 内部压力超过大气压力（正向正压交换），粉尘会很容易被吹出设备，反之，内部压力低于大气压力，则设备外部形成粉尘环境的可能性就很低。

② 柔韧的导管比固定的金属导管更易于产生粉尘释放。

确定潜在的粉尘释放源应考虑其他过程参数如传输速率、粉尘萃取率和落差高度等。此外，粉尘颗粒尺寸和含水量也极大地影响粉尘释放。

对于已确认的可能引起粉尘释放的过程，需进一步识别其场所和释放源的类型。在正常工作中的下列情况不应被视为释放源：

① 压力容器的本体，包括关闭的喷嘴和检修孔；

② 无接缝的导管、管道和支管；

③ 采取保护措施防止粉尘泄漏的阀门密封管和法兰结合面。

（2）粉尘释放源举例

① 持续形成的粉尘云

引入和形成粉尘的过程设备内部，如地窖、搅拌机、磨坊等。

② 主要释放源

萃取设备的内部或开口罐装处周围。

③ 次要释放源

有时需要短时间打开的检修孔和存在粉尘堆积的粉末处理室。

（3）粉尘释放的可能性

对已识别的释放过程，应确定其发生释放的频率和发生的时间。粉尘释放取决于周围的环境，并非每个释放源都会导致爆炸性粉尘环境的产生，但将稀释粉尘短时间持续地释放会形成危险的粉尘层。

① 持续形成的粉尘云

粉尘云持续存在或存在很长时间或经常短时间反复出现的场所。

② 主要释放源

在正常情况下，周期性或者有时出现的场所。

③ 次要释放源

在正常情况下不会产生释放，如果发生释放，不会经常发生或短时间存在的场所。

五、识别危险粉尘层出现的概率

在存贮、处理和加工粉尘产品的粉尘罐体内部，作为过程自身的一部分，必然存在不可控厚度的粉尘层。反之，在罐体外部形成的粉尘层厚度通常是可控的（如通过清扫等）。控制粉尘层的厚度达到一定大小会影响设备的选型。控制的水平取决于粉尘的特性和电气设备的表面温度。总的来说，罐体外部的粉尘厚度是可控的。

绝大多数粉尘层都会导致爆炸性粉尘环境的产生。存在粉尘层的场所必须予以分类。此外，有时稀释的粉尘云是粉尘层产生的原因。

根据爆炸性粉尘环境和危险粉尘层形成的概率，危险场所可以分类如表 2－5 所示。

表 2－5　粉尘危险场所分类

粉尘源等级	粉尘云	厚度可控的粉尘层	
		经常受干扰	极少受干扰
持续的	20	21	22
主要的	21	21	22
次要的	22	21	22

第五节　危险区域划分示例

根据危险区域划分的一般原则，我们在这里介绍一些典型示例。

一、爆炸性气体场所区域划分

(1) 工业泵示例(A)

一般工业用途的泵，安装在室外地平面上，抽吸易燃性液体。

泵装置是防爆型的，流量为 50 m^3/h，低压情况下运行。易燃性液体的闪点低于工艺过程中可能出现的最低温度和环境温度；它的蒸气比空气重。

泵是释放源，在它的结构密封处可能释放出易燃性液体，属于 1 级和 2 级释放源。

由于泵安装在室外，所以，它处于自然通风的状态(通风等级为中级，时效性较差)。假若这种泵(电动机)自身带有风扇时，它同时也处于人工通风状态(通风等级为强级，时效性一般)。

根据上述的这些条件，泵周围的危险区域如图 2－1 所示。

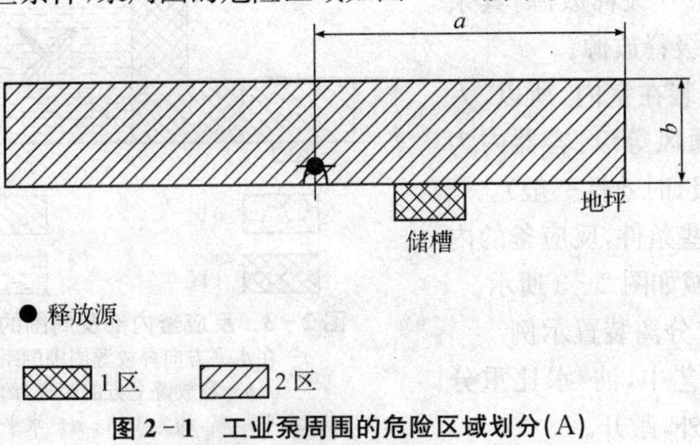

图 2－1　工业泵周围的危险区域划分(A)

a—在水平方向上释放源周围的距离，约为 3 m

b—从地平面到释放源上方的距离，约为 1 m

(2) 工业泵示例(B)

一般工业用途的泵，安装在室内地平面上，抽吸易燃性液体。

泵装置是防爆型的，流量为 50 m^3/h，低压情况下运行。易燃性液体的闪点低于工艺过程中可能出现的最低温度和环境温度；它的蒸气比空气重。

泵和地面上的储槽是释放源，属于 1 级和 2 级释放源。由于泵安装在室内，所以，人们采用人工通风(通风等级为中级，时效性一般)。

根据上述的这些条件，泵周围的危险区域如图 2-2 所示。

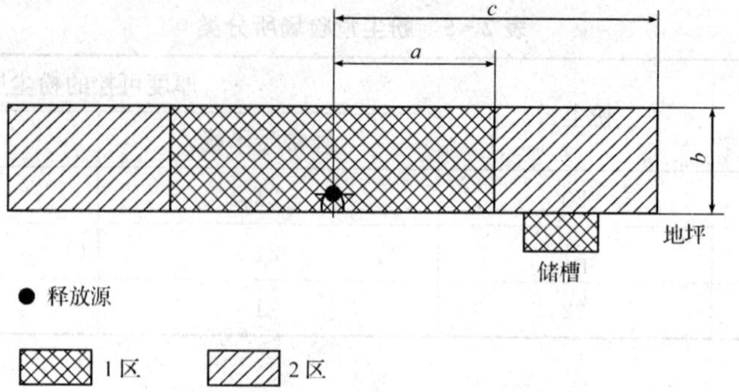

图 2-2　工业泵周围的危险区域划分(B)

a—在水平方向上释放源周围的距离，约为 1.5 m

b—从地平面到释放源上方的距离，约为 1 m

c—在水平方向上释放源周围的另一距离，约为 3 m

(3) 混合反应釜示例

混合反应釜安装在室内，经常打开进行操作。易燃性液体通过焊在容器上的法兰管道进行输送。

经过反应釜的易燃性液体的闪点低于工艺过程中可能出现的最低温度；它的蒸气比空气重。

释放源是液体的表面，反应釜开口处以及从反应釜飞溅或泄漏出的液体；液体的表面属于 0 级释放源，其余分别属于 1 级和 2 级释放源。

由于反应釜安装在室内，所以，人们采用人工通风(通风等级：容器内为弱级，容器外为中级，时效性一般)。

根据上述的这些条件，反应釜的内部和周围的危险区域如图 2-3 所示。

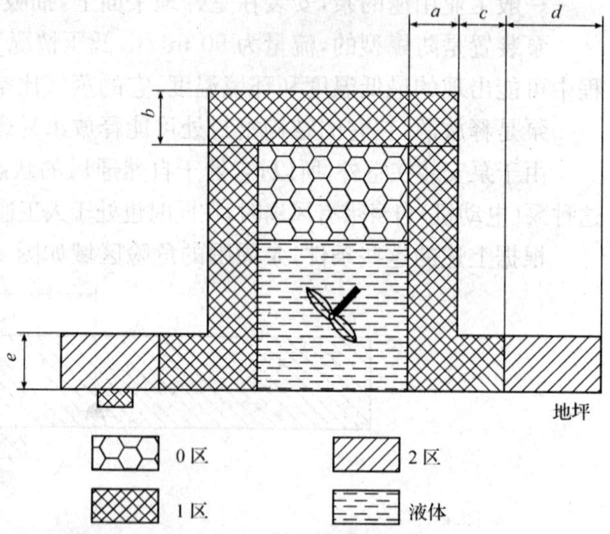

图 2-3　反应釜内部及周围的危险区域划分

a—在水平方向释放源周围的距离，约为 1 m

b—释放源上方的距离，约为 1 m

c—水平距离，约为 1 m　*d*—水平距离，约为 2 m

e—高于地面的距离，约为 1 m

(4) 油/水比重分离装置示例

在石油冶炼工艺中，油/水比重分离装置通常位于室外，敞开。

油/水比重分离装置中存储的液体(油水混合物)的闪点低于工艺过程中可能出现的最低温度和环境温度；它的蒸气比空气重。

释放源是液体的表面，以及操作失误泄漏的液体；液体的表面属于 0 级释放源，其余属于 2 级释放源。

由于油/水比重分离装置位于露天场所，所以，它处于自然通风的状态(通风等级为中级，时效性差)。

根据上述的这些条件，油/水比重分离装置周围的危险区域如图 2-4 所示。

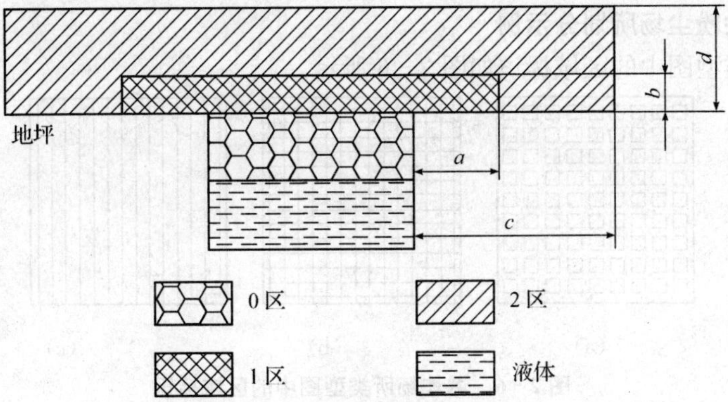

图 2-4　油/水比重分离装置内部及周围的危险区域划分

a—在水平方向上释放源周围的距离，约为 3 m

b—高于地面的距离，约为 1 m

c—在水平方向上释放源周围的另一距离，约为 7.5 m

d—高于地面的另一距离，约为 3 m

(5) 易燃性液体储罐示例

易燃性液体储罐位于室外，带有固定的罐顶，但是没有内部的浮顶。储罐中存储的易燃性液体的闪点低于工艺过程中可能出现的最低温度和环境温度；它的蒸气比空气重。

释放源是液体的表面，顶部排气门和其他的开口处以及法兰连接处；液体的表面属于 0 级释放源，其余分别属于 1 级和 2 级释放源。

由于储罐位于室外，所以它处于自然通风的状态(通风等级为中级，时效性良好)。

根据上述的这些条件，储罐的内部和周围的危险区域如图 2-5 所示。

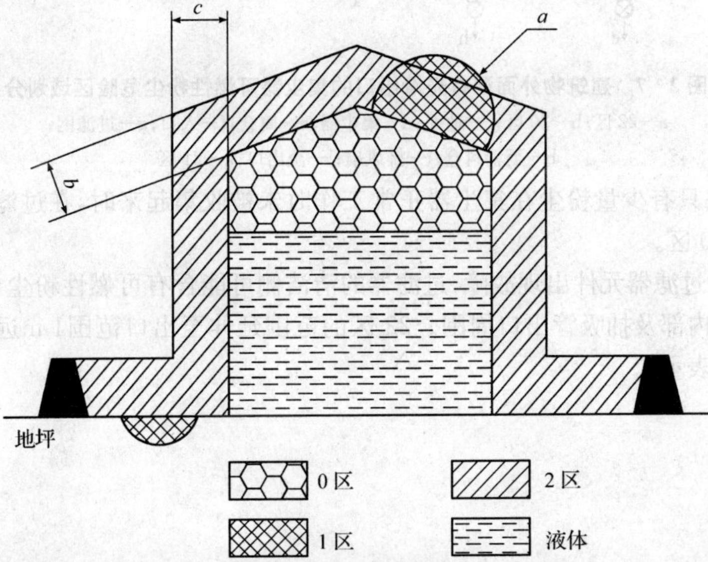

图 2-5　储罐内部及周围的危险区域划分

a—距出口处的距离，约为 3 m

b—罐顶上方的距离，约为 3 m

c—罐体周围的距离，约为 3 m

二、可燃性粉尘场所划分示例

(1) 场所类型图中的区域标识如图 2-6 所示

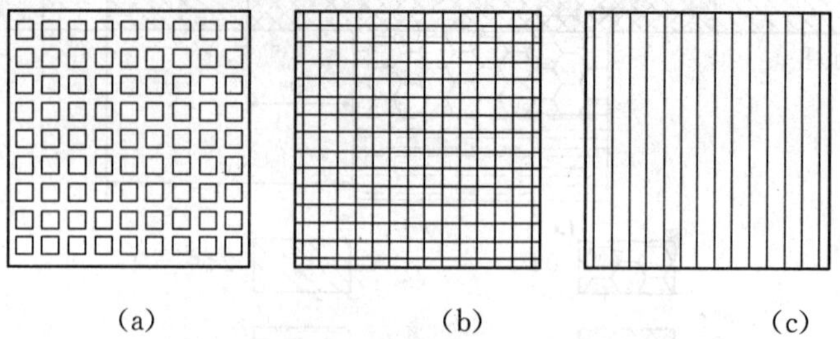

图 2-6　爆炸场所类型图中的区域标识

(a)—20 区　(b)—21 区　(c)—22 区

(2) 建筑物外面配有光滑出口的集尘器和过滤器(见图 2-7)

集尘器和过滤器是抽吸系统的一部分，被抽吸的物料通过连续运行的旋转阀门并落入密封料箱内的物料量很少，因此，自清理的时间很长。鉴于这个理由，在正常运行时，内部偶尔有些可燃性粉尘云，位于过滤器单元上的抽风机将抽吸的空气吹到外面。

20 区：集尘器内部，因可燃性粉尘—空气混合物频繁出现。

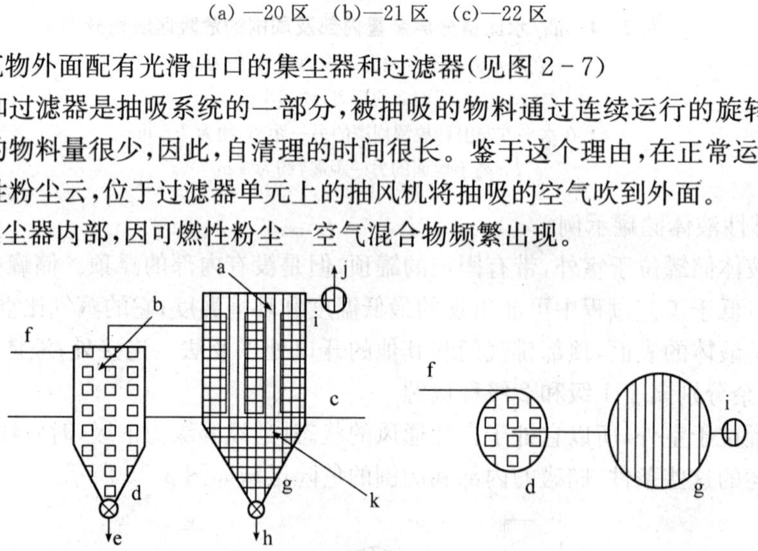

图 2-7　建筑物外面配有光滑出口的集尘器可燃性粉尘危险区域划分

a—22 区；b—20 区；c—地面；d—集尘器；e—筒仓；f—入口；g—过滤网；
h—至粉料仓；i—排风扇；j—至出口；k—21 区

21 区：如果只有少量粉尘在集尘器正常工作时未被收集起来时，在过滤器的沉淀侧为 21 区，否则为 20 区。

22 区：如果过滤器元件出现故障，过滤器的清洁侧可能含有可燃性粉尘云，这适用于过滤器、抽吸管的内部及抽吸管出口周围。22 区的范围延伸至出口范围1 m远并向下延伸至地面(示图中未表示)。

第三章 防爆电气设备的通用技术要求

第一节 分类、分级与分组

在我们了解了可燃性气体燃烧与爆炸的充分必要条件以后，为了保证石油、化工、纺织、粮食加工生产过程的安全，人们必须消除或避免这些生产工艺过程中因电气开关、静电积累、固体碰撞摩擦而产生的各式各样的“火花”和危险温度，消除或限制引起可燃性气体混合物的点燃条件，从而来避免因此发生的可燃性气体燃烧，甚至爆炸。

就电气设备而言，在存在可燃性气体的环境中，必须具有防爆功能。

防爆电气设备，是指结构和性能上采取一定的技术措施，从而不会引起周围爆炸性气体环境发生点燃、爆炸的电气设备。这种电气设备，根据所采用的技术措施的不同和使用的场所范围的不同，可以分为 9 种防爆型式：

（1）隔爆型“d”；

（2）增安型“e”；

（3）本质安全型“i”；

（4）正压型“p”；

（5）油浸型“o”；

（6）充砂型“q”；

（7）浇封型“m”；

（8）“n”型；

（9）特殊型“s”。

这九种防爆型式的电气设备就可以涵盖工业企业内爆炸性气体环境中使用的全部电气设备，就可能保证这些环境场所不会因电气设备引起点燃爆炸而威胁人员生命和社会财产的安全。

防爆电气设备不同于一般用途的工业和民用电气设备。从设备整体结构上讲，防爆电气设备应该有一个外壳，以保证内装的电气元器件、导线不受外界可能遇到的伤害，另外，还应该有一个与外部电源和用电器相连接的电缆接口单元，从而实现自身的相应功能；从设备整体性能上讲，防爆电气设备应该具有良好的基本的电气性能和机械性能，此外，还应该具有可靠的特殊的安全性能。这样，防爆电气设备就可以安全地运行在爆炸性气体环境中。

我们将在后续章节中陆续地介绍各种型式的防爆电气设备的不同和区别。不论防爆型式如何不同，作为防爆电气，为了表征其基本性能，便于选择和使用，统一地进行分类、分组是必须的。

一、防爆电气设备的分类及分级分组

1. 分类和分级

防爆电气设备根据使用环境场所的不同，可以分为两大类：

(1) Ⅰ类电气设备

Ⅰ类电气设备是指适于煤矿井下使用的电气设备。这类防爆电气设备实质上是指适用于甲烷和煤尘存在的场所的电气设备。

(2) Ⅱ类电气设备

Ⅱ类电气设备是指除煤矿以外的其他爆炸性气体环境中使用的电气设备。

Ⅱ类防爆电气设备,根据防爆型式的不同,又可以分为3个级别:ⅡA级电气设备;ⅡB级电气设备;ⅡC级电气设备。

这种分级通常只适用于隔爆型"d"和本质安全型"i"这两种防爆型式,对于其他的某种防爆型式,如果按照试验确定也可以分为ⅡA级、ⅡB级和ⅡC级三个级别。

在第二章中,我们已经简单地介绍了可燃性气体根据最大试验安全间隙和最小点燃电流比进行分级的原则,并且还介绍了一些可燃性气体的分级情况,这些都给我们对电气设备进行分级提供了依据。这里我们所说的电气设备分级:"ⅡA级"、"ⅡB级"和"ⅡC级"是和可燃性气体的分级相对应的,是一致的。

2. 分组

(1) 分组原则

在第二章中,人们把可燃性气体按照它们的点燃温度进行了分组,即分为T1、T2、T3、T4、T5和T6组(各组的温度范围参见表2-4)。对于防爆电气设备来说,最高表面温度也分为6个温度组别,与可燃性气体的分组一一对应。

防爆电气设备的温度分组原则是,电气设备所产生的最高表面温度不得点燃可燃性气体,也就是说,最高表面温度不得高于可燃性气体的点燃温度。于是,可以得出防爆电气设备的温度组别与最高表面温度的关系,如表3-1所示。

表3-1　温度组别与最高表面温度

温度组别	最高表面温度/℃
T1	$450 \geqslant t > 300$
T2	$300 \geqslant t > 200$
T3	$200 \geqslant t > 135$
T4	$135 \geqslant t > 100$
T5	$100 \geqslant t > 85$
T6	$85 \geqslant t$

所谓最高表面温度,是指防爆电气设备在正常工作条件和允许的最不利条件下运行时,它的表面或某一部分可能达到的,并且有可能点燃周围爆炸性气体混合物的最高温度。由于防爆型式的不同,最高表面温度,可能是电气设备外壳外表面的温度,如隔爆型电气设备;也可能是电气设备外壳外表面的温度和内部某个元器件表面的温度中较高的那个温度,如增安型电气设备、正压型电气设备。

(2) 小元件的表面温度

在某些防爆型式的电气设备中,有一些表面积不大的元器件的最高表面温度允许适当地大于相应的温度组别的温度值。在第一章中,我们已经知道了固体热表面的点燃机理,因而适当地提高这些元器件最高表面温度的值，不会造成点燃危险。

通常认为，当这个元器件的总表面积不大于 10 cm² 时，如果它的最高表面温度小于实测的可燃性气体的点燃温度 50 K(对于 T1、T2、T3 组电气设备)或 25 K(对于 T4、T5、T6 电气设备)的话，则它的表面温度允许超过这个防爆电气设备所标志的温度组别的温度值。

另外，对于一些小体积的元件，例如，晶体管或电阻元件，当它们满足以下任一要求时，它的允许最高表面温度可以超过相应温度组别的温度值。

① 经过试验后，这个小元件不能点燃相应的可燃性气体—空气混合物，而且，高温也不会造成防爆型式的变形和损坏。

② 对于 T4 组，小元件应符合表 3-2 的规定。

表 3-2　对于 T4 组小元件的评定

表面积(不包括相应引线)S/mm^2	评定指标	
	指　标	数　值
$20>S$	表面温度 $t/℃$	$t\leqslant275$
$20\leqslant S$	功率损耗 P/W	$P\leqslant1.3$ W(当环境温度为 60℃时) $P\leqslant1.2$ W(当环境温度为 80℃时) $P\leqslant1.0$W
$20<S\leqslant1\ 000$	表面温度 $t/℃$	$t\leqslant200$

③ 对于 T5 组电气设备，当小元件的表面积小于 1 000 mm² 时，它的最高表面温度不超过 150℃。

这里需要指出的是，对于像电位器那样的小元件，表面温度不是指电位器外表面的温度，而是指电阻元件的表面温度。这一点在测试时，试验人员应该特别注意。

二、防爆电气设备的运行环境湿度

大家知道，电气设备的运行环境条件对于安全使用电气设备是十分重要的，环境温度是电气设备在使用环境中安全运行的一个重要因素，但凡电气设备都必须规定它的使用环境温度。对于防爆电气设备来说，国家标准 GB 3836.1《爆炸性气体环境用电气设备　第 1 部分:通用要求》规定，使用环境温度为－20～＋40℃。

在某处特殊情况下，如果防爆电气设备的使用环境温度超出了规定的温度范围，那么设备制造商就应该如实地将这个温度范围标志在产品铭牌上，而且还应该在这种产品的相关使用说明资料，例如使用说明书中，给以明确表述。

必须注意，设计人员在设计某个产品的一些性能指标时已考虑这个产品的实际运行环境条件，其中包括环境温度。当这个产品的实际运行环境与设计使用环境不一致的话，产品就不会充分实现它的性能指标，严重时可能会遭到破坏。作业人员必须注意:就防爆电气设备而言，如果运行环境温度超出规定的温度范围，这就有可能影响某些防爆型式的防爆安全性能。

第二节　制造材料

防爆电气设备的制造材料和普通用途的电气设备的没有什么不同，例如钢、铸铁、铜及铜合金、铸铝、工程塑料、黏合剂等，但是，在材料的材质上却有一些特殊要求。

一、轻金属材料

对于轻金属材料来说，除机械性能外，主要是从它们的机械火花点燃爆炸性气体混合物的性能来考虑的。试验指出，材料的材质对机械火花的点燃性能有很大的影响。为了保证外壳材料不发生机械火花的点燃现象，所以，我们必须对外壳材料中所含的相关元素加以限制。

因此，国家标准规定制造工厂使用Ⅱ类防爆电气设备时，设备外壳的材料中轻金属含量：对于使用于 0 区的设备，铝、钛、镁和锆的总含量不允许超过 10%（按质量百分比计），或者，镁、钛和锆的总含量不允许超过 7.5%；对于使用于 1 区的设备，镁的总含量不允许超过 7.5%；对于使用于 2 区的设备，除风扇、风扇罩和挡风板应该符合 1 区设备的要求以外，其他无特殊要求。

目前，在现代工业设计中，使用最多的轻合金材料当属铝合金。就防爆电气设备而言，铝合金中铝、钛和镁的含量应符合相应的要求。

除此之外，对于一些特殊应用场合，还可以用试验的方法确定材料的机械火花点燃性能。

二、工程塑料

工程塑料是一种应用十分广泛的工程结构材料，不仅因为它具有很好的机械性能，而且它还具有良好的电气绝缘性能。在这里，我们要注意的不仅是它的机械性能和电气性能，更重要的是它的热稳定性和抗静电性能。

(1) 热稳定性

塑料材料应该具有很好的热稳定性。对于防爆电气设备外壳使用的塑料材料，它上面最热点的温度，在规定的试验条件下，至少比对应于耐热特性曲线上20 000 h点的温度指数(T1)低 20 K。

我们知道，对于某种塑料材料，在不同的温度条件下，它都有一个对应的使用寿命，温度越高使用寿命越短。这种关系可以用图 3－1 中的曲线予以简单的表示。

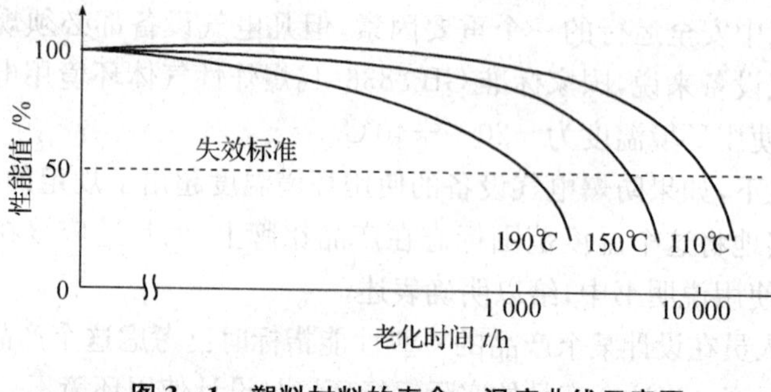

图 3－1　塑料材料的寿命—温度曲线示意图

人们为了使用的方便，统一规定把某一塑料材料使用 20 000 h 时发生失效的那个温度作为评价塑料材料性能的一个重要指标。这样的规定使塑料材料的耐热性有了可比性。

除此之外，使用于防爆电气设备的塑料材料还应该能够经受耐热试验和耐寒试验。

(2) 抗静电性能

塑料材料应该具有很好的抗静电性能。也就是说，要采取一些措施防止塑料材料产生和积累静电电荷，避免因此而引起的一些麻烦。

我们知道，塑料材料所具有的良好的电气绝缘性能表明，它是一种很好的静电电荷载体,在一定的条件下,塑料部件会产生静电电荷,并积累起来。在第一章中,我们已经说明了静电电荷是爆炸性气体混合物的一种点燃源。对于防爆电气设备来说,这一点是相当重要的。

因此,人们对塑料材料的抗静电性能做了很多规定和要求。在塑料材料中添加一些适当的导电性添加剂,便会降低这些材料的体积电阻系数和表面电阻系数。经过改性的塑料材料制成的塑料部件在规定的试验条件下进行抗静电性能测试时,若测得的表面绝缘电阻值不超过 1GΩ,就可以认为这种材料能够防止产生和积累静电电荷。

就防爆电气技术而言,人们还可以通过限制防爆电气设备塑料外壳(或部件)的外露表面积来防止静电点燃。通过静电放电点燃爆炸性气体混合物的多次试验,人们提出了限制塑料外壳或部件的最大面积,如表 3－3 所示。

表 3－3　塑料外壳或部件的最大面积

设备类别和级别		最大面积 S/mm^2		
	Ⅰ类	10 000		
Ⅱ类	危险区域	0 区	1 区	2 区
	ⅡA 级	5 000	10 000	10 000
	ⅡB 级	2 500	10 000	10 000
	ⅡC 级	400	2 000	2 000

即使在外壳或部件的表面积符合表 3－3 规定的情况下,试验人员还应该检查这些材料表面的摩擦起电效果和组合结构的电容量大小。这样即便是产生了静电电荷积累,也不可能发生静电放电点燃。

除此之外,用来制造防爆电气设备外壳(或部件)的塑料材料,还应该具有较好的阻燃性能。

(3) 黏接剂

在防爆电气设备中使用的黏接剂,应该具有很强的黏结力和很好的耐候性,还应该具有很好的热稳定性。国家标准对黏接材料的热稳定性作出专门规定,黏接材料的极限温度超过防爆电气设备在正常运行条件下运行时所能达到的最高温度 20 K,便认为这种黏接材料的热稳定性满足要求。

(4) 电工材料

在电气设备中使用的所谓电工材料,是指用于维持电气传输的材料,而不是电气设备的结构材料。电工材料分为导电材料和绝缘材料。

在电气设备中,导电材料主要是指设备所用的电缆(芯线)、接线端子、触头以及电气连接件等导电部件的材料,因此,这样的材料必须具有很好的导电性能和机械性能;绝缘材料主要是用来制作电气绝缘零件以及电线电缆,例如,接线板、绝缘套管、电缆心线的绝缘、绝缘护套等的材料,因此,这样的材料必须具有很好的绝缘性能和机械性能。

对于防爆电气设备来说,不管是导电材料还是绝缘材料,都应该具有很好的耐腐蚀性,因为防爆电气设备使用环境中存在着大量的酸、碱类具有强腐蚀性的气体和液体等腐蚀介质,部分常用的导电材料和绝缘材料的耐腐蚀性如表 3－4 和表 3－5 所示。

表 3-4 某些金属材料的耐腐蚀性能

材料	硝酸	氨	苯胺	乙炔	氯化钾	硫酸	溴	过氧化氢	亚硫酸酐	硫化氢	盐酸	一氧化碳	醋酸	氢氟酸	氯	丙酮	原油
铝	○	×	×	□	×	○	—	□	□	□	×	□	□	×	×	□	□
铝青铜	—	—	—	—	□	○	—	—	□	□	○	—	—	—	□	□	□
锡青铜	×	—	×	×	—	○	—	—	—	—	○	—	○	—	—	□	□
锡锌青铜	×	—	—	—	—	○	—	—	—	—	○	—	○	—	—	—	—
镉	×	×	—	—	□	—	—	—	—	—	—	—	—	—	□	—	—
黄铜	×	—	×	—	○	○	×	—	—	○	—	—	—	—	—	□	×
紫铜	×	—	×	×	○	○	×	×	□	○	○	×	○	—	×	□	×
锌白铜	—	×	—	—	—	○	—	—	—	—	○	—	□	—	□	□	—
镍	○	○	—	□	□	○	□	○	—	○	○	×	—	—	○	□	—
锡	○	□	—	□	—	—	×	□	□	□	○	○	○	○	×	□	□
银	—	□	—	×	○	○	×	—	—	—	○	□	□	□	□	—	—
锌	—	—	—	—	□	—	×	□	×	□	×	□	—	—	×	—	—
铅	—	□	□	□	□	□	—	—	□	□	○	—	○	○	□	□	□

注："□"—稳定；"○"—中等稳定；"×"—不稳定；"—"—空缺。

表 3-5 某些绝缘材料的耐腐蚀性能

绝缘材料	硝酸	氨	苯胺	乙炔	溴	过氧化氢	氯化镁	海水	硫酸	硫化氢	盐酸	氢氟酸	丙酮	苯	原油
过氯乙烯树脂清漆	○	—	×	×	—	—	—	—	□	—	□	—	×	×	—
聚氯乙烯塑料	□	□	×	×	○	—	□	□	□	○	□	□	×	×	—
胶纸板	—	—	—	—	—	—	—	—	—	—	□	—	—	□	—
聚氯乙烯	○	○	×	—	□	—	□	—	○	—	□	□	×	×	—
聚乙烯	○	□	—	□	×	—	—	—	□	—	□	□	□	□	—
聚苯乙烯	□	○	—	○	—	—	□	—	□	—	□	□	○	×	—
胶木布板	□	—	—	×	—	—	□	□	□	—	□	—	×	□	—
橡胶(软)	□	○	×	□	×	—	□	—	□	○	□	□	□	×	×
橡胶(硬)	□	□	—	□	×	—	□	—	□	□	□	□	□	□	—
玻璃	□	□	□	□	□	—	□	□	□	□	□	×	□	□	□
陶瓷	□	□	—	□	□	—	□	—	□	□	□	×	□	□	□
棉制品	×	○	—	—	○	×	—	○	×	—	—	—	□	—	—

注："□"—稳定；"○"—中等稳定；"×"—不稳定；"—"—空缺。

除此之外,对于绝缘材料,还应该具有很好的抗电弧性能。

大家知道,在电气设备中,开关触点的接通或断开,不同电位导体之间的短路,都有可能产生电弧。电弧具有很强的能量,有时候会对绝缘材料产生破坏性的灼烧,使绝缘材料发生分解、碳化,并释放出相当数量的可燃性气体混合物。尤其是在隔爆型电气设备外壳中如果出现这种情况,那将可能造成隔爆外壳丧失隔爆性能的严重后果。

目前,具有抗电弧性能的绝缘材料很多,4220 耐电弧粉就是广泛使用于防爆电气设备中的绝缘材料之一。

第三节　通用结构

防爆电气设备的结构,因防爆型式的不同而各不相同。但是,从总体上看,它们有着一些共同的结构形式,人们可以采用这些结构来完成整体结构的设计和制造。

一、外壳

各种不同防爆型式的电气设备都有着各自的外壳结构和形式。

这些外壳除了满足设备的基本机械性能外,还应该满足防爆型式的需要。例如,隔爆型电气设备的外壳,它应该防止内部的爆炸传到外部;增安型电气设备的外壳,它应该防止外物(例如固体异物、水)对外壳内部电气元器件的侵蚀;正压型电气设备的外壳,它应该防止内部压力的泄漏,而且还能够承受内部压力的作用,等等。但是,这些不同防爆型式的外壳还应该符合以下一些共同要求。

(1) 防护等级

对不同防爆型式的电气设备来说,外壳的防护要求是各不相同的。所谓防护要求或防护等级,是指外壳防止外物落入内部和防止水浸入内部的能力。外壳具有相应的防护等级对保持防爆电气设备的防爆安全性能是十分重要的(详见第六章)。

(2) 快开式盖或门

有一些防爆电气设备具有快开式的盖子或门,开启的时间很短。如果设备内部包容有电容器或(和)电热元件,即使在断电的情况下,也可能出现麻烦。因为盖子或门开启的时间很短,这些电容器还具有很高的电压,电热元件还具有很高的温度,一旦接触爆炸性气体混合物,就有可能发生点燃爆炸。

因此,国家标准规定,当防爆电气设备外壳内安装有电容器时,从切断设备的电源开始到开启盖子或门之间的时间不应该小于某个规定时间值。这个时间值可按照剩余能量计算求得。

当防爆电气设备内部安装电容器的充电电压大于 200 V 时,开启盖子或门时电容器的剩余能量不应该超过:

对于Ⅰ类和ⅡA 级电气设备:0.2 mJ;

对于ⅡB 级电气设备:0.06 mJ;

对于ⅡC 级电气设备:0.02 mJ。

如果内装电容器的充电电压小于 200 V 时,开启盖子或门时电容器的剩余能量可以是上述值的两倍。

当防爆电气设备内部安装电热元件时,从切断电源到盖子或门开启的时间间隔一定要大于电热元件温度降至设备温度组别规定的那个温度以下所需的时间。由于电热元件的散热比较慢，这个时间可能很长。

从切断电源到盖子或门开启的时间间隔，应该用警告标志在防爆电气设备的明显部位给以标示，告诫人们必须在这个时间间隔以后开启盖子或门，否则可能会发生点燃事故。

(3) 紧固件

在防爆电气设备中，用来紧固外壳盖子的紧固件(在机械制造方面也称作"标准件")应该使用特殊紧固件。

这些紧固件在正常的使用状态下只能用工具才能解除其功能。这样的要求主要是防止非正常的人为因素使其松开或拆除，从而保证某一防爆型式的防爆安全性能不会因此而失效。

此外，还应该指出的是，当特殊紧固件是用来紧固防爆电气设备的盖子和壳体时，盖子上紧固件通过的孔应该符合国家标准规定的尺寸和公差。

(4) 联锁装置

在防爆电气设备中，有很多地方要求使用联锁装置，例如，电气设备的盖子和电路联锁起来，当盖子开启时就切断电路的电源，当盖子没有闭合时就不能对设备供电。这样可以避免当防爆电气设备打开时可能造成的电气点燃或发生人员触电事故。

(5) 绝缘套管

绝缘套管是一种使电气导体(例如导电螺栓)通过防爆电气设备金属壳体的绝缘元件。因此，绝缘导管应该具有良好的绝缘性能，而且还应该具有足够的机械强度。在结构上，它应该被牢固地固定在外壳壳体上，而且，在导电螺栓连接导线或拆除导线时不会发生转动。

(6) 警告标志

在防爆电气设备上，常常有警告标志告诫作业人员在爆炸性危险场所中如何安全地操作设备，或者，可以做什么，不准做什么。因此，警告标志的警告语句清晰明了、准确无误。例如，"严禁带电打开!"，"必须用湿布擦拭!"等。

为了保证警告标志长期有效，警告牌应该用不容易锈蚀的材料制作，例如铜、不锈钢等，警告语句的字迹应该在它的使用期限内不会消失。

二、旋转部件

在防爆电气设备内，如果有旋转零部件的话，那么，旋转零部件的制造材料不应该产生和积累静电电荷，不应该产生机械火花，而且，旋转零部件与它周围的零部件之间应该保持一定的间隙。这样就可以避免因为静电放电和(或)机械火花点燃周围的爆炸性气体混合物。

国家标准规定，对于旋转零部件，例如，旋转电机的通风系统，在设备的正常工作状态下，外风扇和风扇罩等相关零部件之间的间隙(距离)不应该小于外风扇最大外径的1/100，而且，最小也不得小于1 mm。如果旋转电机的外风扇使用塑料材料制作的话，那么，这种材料的使用温度应该比风扇的额定运行温度高出20 K，风扇的表面绝缘电阻不应该大于1GΩ(当风扇的旋转线速度小于50 m/s时可以不受此限)；如果旋转电机的外风扇使用轻合金(例如铝合金)材料制作的话，那么，这种材料中铝、钛、镁和(或)锆的含量应该符合相关的要求。

三、电缆引入装置

防爆电气设备的电源引入或电气输出，应该通过电缆引入装置在设备的接线空腔（或主空腔）内进行连接。在传统意义上，防爆电气设备的接线空腔被称作接线盒，在防爆安全方面，是设备制造商与设备使用人员的安全“分界线”。显然，防爆电气设备这一部分的结构是相当重要的。

防爆电气设备的电缆引入装置的典型结构如图 3－2。这里所示的是一种被称作压紧螺母式的引入装置。是由压紧螺母、自制垫圈、密封圈和连通节组成的。

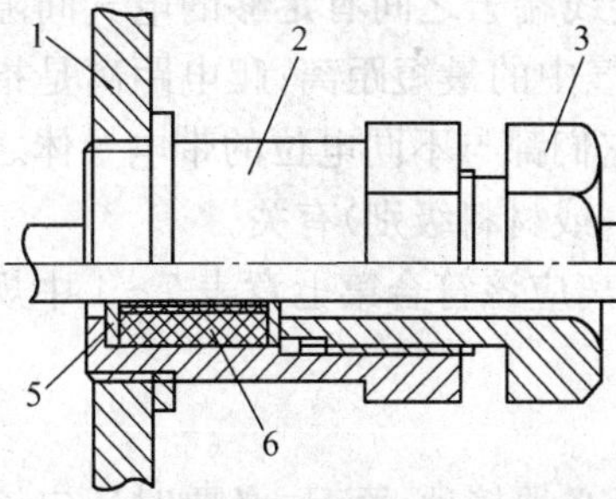

图 3－2　压紧螺母式电缆引入装置

1—设置外壳壳体；2—连通节；3—压紧螺母；
4—引入或引出电缆；5—自制垫圈；6—密封圈

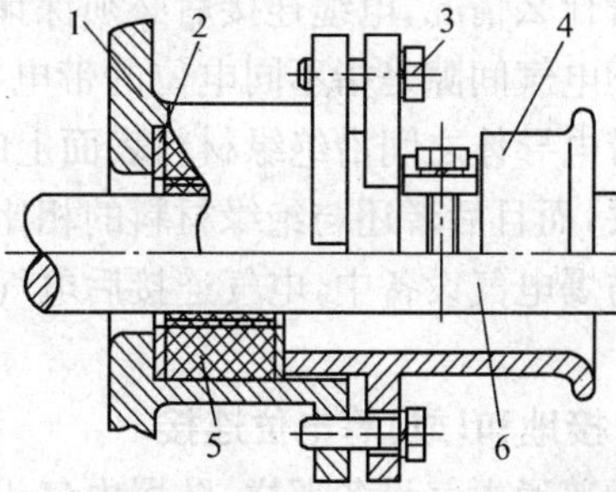

图 3－3　压盘式电缆引入装置

1—设置外壳壳体；2—自制垫圈；3—压紧螺钉；
4—压盘；5—密封圈；6—引入或引出电缆

在这种引入装置中，密封圈是一个很重要的零件，由硫化橡胶制成。橡胶材料是一种压缩变形材料，在外力作用下，它的形状会改变，但体积不变。因此、密封圈在压紧螺母的作用下发生变形而密封了密封圈与连通节、电缆之间的缝隙，从而可以防止可燃性气体进入电气设备的接线空腔内或设备外壳内。

还有一种和图 3－2 所示的压紧螺母式电缆引入装置稍有不同的电缆引入装置，被称作压盘式电缆引入装置（图 3－3）。这种电缆引入装置与压紧螺母式电缆引入装置的不同，仅在于作用于密封圈的压紧方式，即依靠紧固螺钉将压盘压下来施力于密封圈，从而达到密封效果。

上述的这两种电缆引入装置，统称为密封圈式电缆引入装置。对于这类电缆引入装置，在安装使用上，应该注意两点，一是密封圈的材料，二是密封圈的尺寸。

用于制造密封圈的材料，目前大都采用硫化橡胶。橡胶试样的硬度一般在那氏硬度 45～55 度之间，而且，还应该进行老化试验。在规定的试验条件下，试验结束时硬度变化不得超过试验前的 20%。

密封圈的尺寸分为轴向尺寸和径向尺寸。轴向尺寸由于防爆型式不同有不同要求，有些防爆型式仅要求压紧密封即可，而有些防爆型式则有严格的规定。对于径向尺寸，我们很注意密封圈的内径和引入电缆的外径的配合。电缆外径是一个公差变化很大的尺寸，同一种电缆同一个标称外径，市售产品的外径公差存在着较大的差异。因而，人们很难将密封圈的内径设计在一个合适的公差范围内。于是，这里的密封就可能出现问题。

为此，人们采用在密封圈上环切同心圆的办法来弥补电缆外径公差不稳定的问题。传统的橡胶密封圈如图3－4所示。

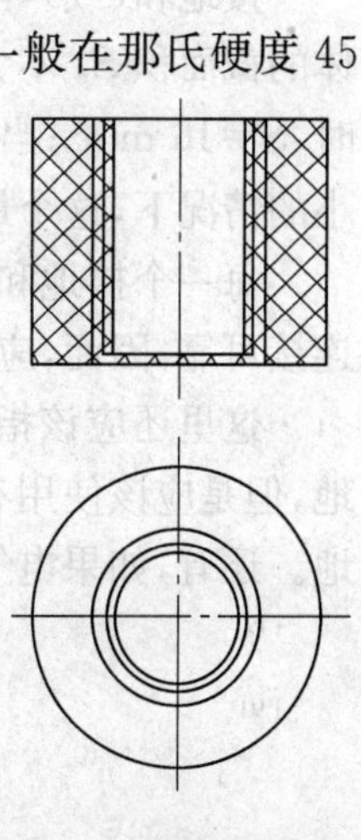

图 3－4　橡胶密封圈

电缆引入装置,除上述的密封圈式以外,还有一类是浇封式电缆引入装置。这一类型的电缆引入装置,通常情况下使用于隔爆型电气设备中。

除此之外,电缆引入装置的压紧部分(压紧螺母或压盘)钢管布线时,应该能够与所连接的钢管相连接。

四、电气间隙和爬电距离

当外部电缆通过电缆引入装置进入电气设备后,通常情况下,在电气设备的接线盒内进行接线,当然,也可以在设备的主空腔内同相应的接线端子进行连接。

不管什么情况,电缆连接后必须保证不同电位的接线端子之间有足够的电气间隙和爬电距离。电气间隙是指不同电位的带电导体之间在空气中的最短距离;爬电距离是指不同电位的带电导体之间沿绝缘材料表面上的最短路程。它们都与不同电位的带电导体之间的电压有关,而且后者还与绝缘材料的相比漏电起痕指数(或材料级别)有关。

在防爆电气设备中,电气连接后电气间隙和爬电距离应该符合第七章表 7－1 中规定的要求值。

五、接地和(或)等电位连接

正像普通电气设备那样,防爆电气设备的金属外壳必须接地,而且,必要时还应该进行等电位连接。电气设备的接地和(或)等电位连接是为了防止电气设备的绝缘性能一旦失效可能造成的漏电事故及后续危险。

对于防爆电气设备来说,接地和(或)等电位连接,除了可以防止人身触电事故外,更重要的是为了防止漏电和(或)"杂散电流"可能产生的电气火花点燃爆炸性气体混合物。

防爆电气设备的接地和(或)等电位连接,同普通电气设备的接地和(或)等电位连接有所不同。这种接地必须是二重式的,即同一台电气设备必须同时设置内接地系统和外接地系统,而且二者之间必须保持电气连接。这样就保证了接地和(或)等电位连接的可靠性。

电气设备的接地和(或)等电位连接,应该保证电气设备的主要金属结构件(例如机座)同大地处于同一电位,因而,外接地应该设置在设备的主要外壳上,内接地应该设置在接线主腔(或主空腔)内。

接地和(或)等电位连接的导体必须有一个最小的截面积 S。当电路中主电路(单相)导体的截面积 S_p 不大于 16 mm^2 时,这个截面积 S 应该不小于 S_p;当 16 mm$^2 < S_p \leqslant 35$ mm^2 时,$S=16$ mm^2;当 $S_p > 35$ mm^2 时,$S \geqslant 0.5S_p$ mm^2。对于主电路(单相)导体的截面积 S_p 很小的情况下,这个最小截面积也不应该小于 4 mm^2。

每一个接地和(或)等电位连接装置都应该保证接地和(或)等电位连接导线与接地端子连接可靠,因而,应该有防止导线松动的措施,而且还应该防止锈蚀造成不利影响。

这里还应该指出的是,对于移动式电气设备,如果是由电网供电的,则可以不进行外接地,但是应该使用有接地芯线的电缆进行内接地;如果是由蓄电池组供电的,则可不进行接地。还有,如果电气设备采取了双重绝缘措施的,也可以不进行接地。

第四节 某些类型电气设备防爆结构的通用要求

在爆炸性危险场所中使用着各种类型的电气设备，例如，旋转电机、开关装置等。不管它们的防爆型式如何，每一类型都有着一些本类型的共同的结构要求。

(1) 旋转电机类

在旋转电机中，轴伸端驱动的外风扇应该安装风扇罩。风扇罩不视为旋转电机的外壳，风扇罩的通风孔应该具有如下的防护等级：

进风端，至少为 IP20。

出风端，至少为 IP10。

对于立式旋转电机，必须设置防止垂直落下的异物进入通风孔中的防护措施。

不管是什么防爆型式的旋转电机，尤其是大型的旋转电机，都必须在电机上采取等电位连接措施，防止杂散磁场在电机外壳上形成环流。环流在适当条件下可能会产生断续的放电火花。

旋转电机的等电位连接应该按转轴轴线对称地布置，等电位连接的导体应该有足够的截面积和可靠的结构，保证环流能够顺利地通入大地(通过接地导体)。

(2) 开关装置类

开关装置，包括隔离开关，应该能够切断全部电极(包括相线、中性线和保护性接地线)。触头式开关的触头不允许浸在易燃性液体介质中。

隔离开关不允许在带负载的工况下分断，必须与负载断路器有电气的或机械的联锁。

(3) 插接装置类

在插接装置中，插头与插座应用电气的或机械的方法联锁，保证在触点带电时插头与插座不能分断，在插头与插座分断时触点不能带电。也可以在插头与插座采用特殊紧固件连接的情况下使用警告标志来替代这种联锁："严禁带电分断！"。

当额定电压不大于 250 V(交流)或 60 V(直流)、额定电流不大于 10 A 时，插接装置符合以下全部要求时也可以不设联锁：

插座接电源；

插头与插座分断前有足够的灭弧延迟时间；

插头、插座在灭弧期间符合隔爆型"d"的要求；

插头与插座分断后带电的插座具有适当的防爆型式保护。

不管在什么情况下，插接装置的插座应该接电源，插头在未插入插座时不得带电。

(4) 照明灯具类

在照明灯具中，光源不允许使用游离金属钠灯泡，即低压钠灯泡，可以使用高压钠灯泡，光源应该有透明罩保护。

透明罩应该有金属保护网保护，金属保护网的网孔面积不应该大于2 500 mm^2。

照明灯具应该设置联锁机构，保证在灯具开启时灯座内的所有电极不得带电，或者设置警告标志："严禁带电打开！"。

(5) 蓄电池和蓄电池组类

防爆电气设备内安装蓄电池，应该采用单体蓄电池串联的方式进行组合，而且，单体蓄电池应该具有同样的电化学系统、相同的容量和工作制(小时率)。

在蓄电池组中，严禁原电池和二次电池混合组合。原电池不允许再充电。

在安装、维修中应采取可靠的预防措施，防止蓄电池中的电解液（电解质）泄漏对设备防爆安全性能和电气元器件造成不利的影响。

第五节 Ex元件

在防爆电气设备中常常安装一些特殊的、通用的元件或组件，它们不符合相关防爆型式的全部要求，仅仅符合其中的一部分规定。这些元件或组件，在需要的时候，可以组装在防爆电气设备上，与防爆电气设备组成一体使用在爆炸性气体环境中。这种元件或组件，被称为Ex元件。

一、Ex元件的定义

Ex元件是不能单独使用，只能与其他电气设备或系统组合在一起并使用在爆炸性气体环境中，需要经过单独的试验认证或附加的试验认证的元件或组件。

二、结构与安装

(1) 结构

Ex元件，既有结构简单的，也有结构复杂的。它们可以是空的外壳，例如，隔爆型电气设备的隔爆外壳，正压型电气设备的正压外壳，或结构和性能部分地符合不同防爆型式的元件和(或)组件。

(2) 安装

Ex元件的安装，根据结构特征和使用功能的各异，分为以下三种情况：

① 安装在外壳内

完全安装在防爆电气设备的外壳内部，例如，增安型的接线端子、电流表、加热器或显示器；隔爆型的开关元件或恒温器；本质安全型的电源等。

在Ex元件的实际应用中，如将专用的隔爆小室（内装开关触点）安装在增安型照明灯具的灯座中，解除了增安型灯具中不能有火花触点的困扰；将关联设备安全栅放置在隔爆型电气设备的隔爆外壳内，解决了安全栅不能直接使用在爆炸性气体环境中的困难。这些都发挥了Ex元件的灵活作用。

② 安装在外壳外

Ex元件完全安装在防爆电气设备的外壳外部，例如，本质安全型的温度传感器等。

③ 跨外壳壁安装

Ex元件一部分安装在防爆电气设备的外壳内部，一部分安装在防爆电气设备的外壳外部。如，隔爆型的按钮开关、限位开关或指示灯，增安型的电流表，本质安全型的指示器等。

隔爆型指示灯，作为Ex元件常常被安装在隔爆型电气控制箱上。它的光显示部分作为隔爆外壳的一部分，它的接线部分在设备的隔爆外壳内。安装结构符合隔爆型防爆型式的相应要求。这种安装就属于“一部分在内，一部分在外”的安装方式。除此之外，上面所举的例子都是这样。

(3) 试验与标志

Ex元件的试验分为两部分：

Ex元件本身应该承受相应防爆型式要求的部分试验。

Ex 元件组装上防爆电气设备后，需要进行一些附加性试验。当完全安装在防爆电气设备外壳内部时，应检验 Ex 元件安装后相关部位的表面温度、电气间隙和爬电距离；当"一部分在内，一部分在外"安装时，应该检验 Ex 元件与防爆电气设备外壳交接面的结构是否符合相应防爆型式的相关要求，必要时，还应该进行相应部位的防护性能(IPXX)试验。

Ex 元件，尽管不能作为一个单独的防爆单元使用于爆炸性气体环境中，但是由于能作为一个单独的防爆组件在市场上出售，因此，使用人员必须注意其标志，以掌握必要的使用信息。

Ex 元件置于的明显部位的标志应有如下内容：

① 制造商名称或注册商标；

② 表示"防爆"的符号"Ex"；

③ 防爆型式符号；

④ 设备类别和(或)防爆级别符号；

⑤ 防爆检验证书编号，而且在编号后缀加符号"U"。

第六节　防爆标志

防爆电气设备同普通电气设备相比，必须设置一个必要标示的标志，即标示这个防爆电气设备的重要信息，标志这个电气设备是防爆的，可以使用在什么样的可燃性气体环境中，什么样的危险区域中，这就是"防爆标志"。

标志应设置在防爆电气设备主体部分的明显地方。

标志牌的材质应采用耐化学腐蚀的材料，如青铜、黄铜或不锈钢，必须在可能存在的化学腐蚀下，仍然清晰和耐久。

标志 Ex、防爆型式、类别、温度组别可用凸纹或凹纹标在外壳的明显处。

一、标志牌(铭牌)必须包括下列各项

(1) 制造厂名称或注册商标。

(2) 制造厂所规定的产品名称及型号。

(3) 符号 Ex，它表明这些电气设备符合国家标准所述的某一种或几种防爆型式的规定。

(4) 所应用的各种防爆型式的符号。

(5) 电气设备的类型符号：

Ⅰ(煤矿用电气设备)；

Ⅱ或ⅡA、ⅡB、ⅡC(除煤矿外其他爆炸性气体环境用电气设备)。

如果电气设备只允许使用在某一特定的气体中，则在符号Ⅱ后面写上气体的化学符号或名称。

(6) Ⅱ类设备的温度组别或最高表面温度(℃)，或者两者兼有。当这两个符号都用时，温度组别放在后面，并用括号括上，例如：n 或 350℃，或者 350℃(T1)。

最高表面温度超过 450℃的Ⅱ类电气设备，应标出温度数值，例如，600℃。

用于特殊气体的Ⅱ类电气设备，设计在环境温度为－20～＋40℃下使用，在此时不需附加标志。若环境温度超出上述范围应视为特殊情况，制造厂应将环境温度范围在资料中给出，并在铭牌上标出符号 Ta 或 Tamb 和特殊环境温度范围；或在防爆合格证编号后加符号

“X”，见表 3－6。

表 3－6　使用环境温度和附加标记

电气设备	使用环境温度	附加标记
正常情况	最高＋40℃ 最低－20℃	无
特殊情况	制造厂需在资料中给出并标在证书上	Ta 或 Tamb 附加规定范围，例如“－30℃ Ta＋40℃”或符号“X”

(7) 产品编号，但下列情况除外：

① 接线用的附件（电缆和导管引入装置、挡板、连接板、插接装置、绝缘套管）；

② 表面积很小的电气设备。

(8) 检验单位标志。

(9) 如果检验单位有必要说明安全使用的特殊条件时，则在防爆合格证号后面加上符号“X”，检验单位可以认可警告标志来代替所要求的“X”标记。制造厂应确保将安全使用特殊要求及有关文件交给用户。

二、一个电气设备的不同部位使用不同的防爆型式时，如组合式，则每个相应部位都应具有相应防爆型式的标志

如果一个电气设备上使用着一种以上的防爆型式时，则应注意其首先标明主要防爆型式的标志，接着是其他防爆型式的标志。

防爆标志应按前述的(3)、(4)、(5)、(6)顺序排列。前面，我们已经介绍了防爆型式（d、e、i、p、o、q、m、n、s）和设备的分类（Ⅰ、Ⅱ）、分级（ⅡA、ⅡB、ⅡC），以及温度组别（T1、T2、T3、T4、T5、T6）的表示符号。防爆标志就是对分类、分级、分组的集中表示。

三、Ex 元件应在明显处标志，且其标志应清晰耐久，标出以下内容

① 制造厂名称或注册商标；

② 制造厂所规定的名称、型号；

③ 符号 Ex (Explosition-protect)；

④ 防爆型式符号；

⑤ Ex 元件组别符号；

⑥ 检验单位名称或标记；

⑦ 防爆合格证编号后加符号“U”。

对于小型电气设备及 Ex 元件，由于体积有限，检验单位可以允许减少部分标记内容，但至少应包含以下内容：

① 制造厂名称或注册商标；

② Ex 符号和防爆型式；

③ 检验单位名称或符号；

④ 防爆合格证编号；

⑤ 对于电气设备标符号“X”，对于 Ex 元件标符号“U”。

四、防爆标志示例

(1) 单一防爆型式的标示方法

当防爆电气设备仅仅具有一种防爆型式时，它就只标示一种防爆标志。

对于使用在工业企业的隔爆型电气设备，级别为ⅡB级、温度组别为T4组，其标志方法为ExdⅡBT4；

增安型的防爆标志为ExeⅡT4；

本质安全型的防爆标志为ExiaⅡBT4或ExibⅡBT4；

正压型的防爆标志为ExpxⅡBT4、ExpyⅡBT4或ExpzⅡBT4等。

(2) 复合型防爆型式的标志方法

当防爆电气设备包含多种防爆型式时，它应该标示由所有防爆型式的标志组成的防爆标志。例如：

对于ⅡA级、T3组防爆电气设备(即Ⅱ类)，当主体部分为隔爆型，接线盒为增安型时，防爆标志为ExdeⅡAT3；当主体部分为正压型，接线盒为增安型时，防爆标志为ExpxeⅡAT3。

(3) 组合型防爆电气装置的标示方法

当防爆电气装置包含多个不同防爆型式的防爆电气单元时，它应该在每个单元上标志这个单元的防爆标志，此外，还应该在整体装置的明显部件上标志总的防爆标志。

(4) 特殊的标示方法

除上述情况外，还有一些特殊的标志方法。

对于H类电气设备，可以标志它的温度组别，也可以标志它的最高表面温度，或者二者都标出。例如，最高表面温度为125℃的增安型设备，防爆标志可以为ExenⅡT4，也可以为ExeⅡ(125℃)或者ExeⅡ125℃(T4)。

对于既可以适用于煤矿井下也可以适用于除煤矿井下以外其他场所的电气设备，应该同时标示出两种类型的标志。例如，Ⅰ类/ⅡB级T3组隔爆型电气设备，防爆标志应该为ExdⅠ/ⅡBT3。

对于ⅡC级ib级T5组的关联设备，防爆标志应该为Exd[ib]ⅡCT5(放置在隔爆外壳中)或[Exib]ⅡC(无其他防爆型式保护时)。

(5) 不同防爆型式的防爆标志释义举例

① 一台电机防爆标志释义：Ex eⅡT4

释义：Ex——防爆总标志

e——结构形式，增安型

Ⅱ——类别，工厂用

T4——温度组别，T4组，最高表面温度≤135℃

A、B、C三级仅指隔爆、本安设备。因此，对于增安型防爆电机，没有防爆级别。

② 一台仪表防爆标志释义：Ex dⅡB氢

释义：Ex——防爆总标志

d——结构形式，隔爆型

Ⅱ——类别，工厂用

B——防爆级别，B级

氢——仅适用于氢气环境。当标注某种气体时，可以不标注温度组别

③ 一台仪表防爆标志释义：Ex (ib)ⅡBT4

释义：Ex——防爆总标志

(ib)——本安关联设备，设备本身不防爆，但采取限能措施能与危险区域的本安设备连接

Ⅱ——类别，工厂用

B——防爆级别，B级

T4——温度组别，T4组，最高表面温度≤135℃

④ 一台压力变送器防爆标志释义：Ex dⅡCT4

释义：Ex——防爆总标志

d——结构形式，隔爆型

Ⅱ——类别，工厂用

C——防爆级别，C级

T4——温度组别，T4组，最高表面温度≤135℃

⑤ 一台信号接线箱释义：Ex edⅡBT4

释义：Ex——防爆总标志

ed——结构形式，e：增安型，d：隔爆型，同时满足增安、隔爆

Ⅱ——类别，工厂用

B——防爆级别，B级

T4——温度组别，T4组，最高表面温度≤135℃

⑥ 一台色谱仪防爆标志释义：EExdps ⅡB+H_2T4

释义：EEx——欧洲共同体防爆总标志

dps——该仪表采用隔爆、正压、特殊三种防爆措施

Ⅱ——类别，工厂用

B——防爆级别，B级

+H_2——也适用于H_2场所（B级防爆不适用于H_2，该仪表由于采取多种防爆措施，也可用于H_2场所）

T4——温度组别，T4组，最高表面温度≤135℃

⑦ 一台流量计防爆标志释义：

UL/FM/CSA Class1，GroupB、C、D，T5

Class2，GroupE、F，T5

CENELEC EExedⅡCT5

释义：UL——美国保险商试验室

FM——美国工厂联合研究会

CSA——加拿大标准协会

CENELEC——欧洲电工标准化委员会

说明该设备的防爆性能已经UL、FM、CSA、CENELEC测试认可。

Class1，GroupB、C、D，T5 ——适用于IEC规定的B、C、D组可燃气体，表面温度≤100℃。

Class2，GroupE、F，T5适用于IEC规定的E、F组粉尘，表面温度≤100℃。

EExedⅡCT5——符合EN标准（EN为欧共体标准代号，其防爆标准与IEC等效）、工厂用防爆仪表，增安、隔爆型，防爆等级C级，最高表面温度≤100℃。

第四章　防爆电气设备的基本原理与结构

爆炸性危险场所中安装的电气设备主要有隔爆型、增安型、本质安全型、正压型、浇封型、充油型、充沙型、“n”型等。现对几种主要的防爆电气设备进行介绍，“n”型在第五章介绍。

第一节　隔爆型电气设备

隔爆型电气设备，用符号“d”表示，是一种专门防爆型式的电气设备。它十分广泛地应用于存在各种各样的可燃性气体—空气混合物的爆炸性危险场所中。

一、基本原理

这种防爆型式的电气设备的防爆安全性能，主要是依靠一种被称作“隔爆外壳”的外壳来保证的。

所谓“隔爆外壳”是指这样一种外壳，它允许进入内部的爆炸性气体混合物在外壳内发生燃烧爆炸，但是不允许爆炸生成物从外壳内部通过通往外壳外部的任何通道窜到外壳外部，点燃周围的爆炸性气体混合物。电气设备具有这样的外壳，只要它外部表面的最高温度不超过相应的温度组别的温度值，就不会成为周围的爆炸件气体混合物的点燃源。

根据这样的防爆原理，隔爆型电气设备的外壳就必须具有足够的机械强度，能够承受外壳内部爆炸时产生的爆炸压力，不发生严重的变形或损坏；外壳各零部件之间的缝隙，即从外壳内部到外部的各种通道，必须具有合适的机械尺寸，能够降低外壳内部爆炸生成物窜出外壳时所携带的能量，甚至阻止爆炸生成物窜出外壳. 从而避免点燃设备周围的爆炸性气体混合物。

隔爆型电气设备是一种很典型的防爆电气设备。几十年来，人们在研制和应用防爆电气设备时首先就是采用隔爆型防爆结构。这种防爆型式的电气设备，防爆安全性能可靠，而且制造技术成熟，使用寿命也比较长。但是，由于隔爆结构的原因，这种电气设备的自身重量比较大，笨重，这是它的缺点。

二、隔爆外壳的耐爆性

隔爆外壳中产生的爆炸压力受爆炸性气体混合物的浓度、外壳的容积及形状、点火源的位置、接合面间隙、爆炸性气体混合物的初始压力及温度等的影响。在低于最大爆压浓度时，爆炸压力与混合物的浓度成正比；当外壳的容积增大时，其热损失相对减小，爆炸压力相对增高；就外壳的形状而言，非球型容器比球型容器的爆炸压力要低；点火位置偏离中心，其爆炸压力会下降；接合面间隙增大，爆炸压力将下降；爆炸性气体混合物的初始压力及温度提高，爆炸压力将增大。

隔爆型电气设备爆炸时其内部会产生 0.5～2.0 MPa 的爆压，将对壳壁产生冲击力。当外壳材质的强度不能满足要求时，造成破损，所以外壳的抗拉强度及壁厚应达到要求。

隔爆型电气设备的外壳材料均用金属材质制成。常用的有钢板、铸钢、铸铝合金、铸铁等材料。当采用铸铁时，其牌号应不低于 HT250；当采用铸铝时，应用抗拉强度不低于 120 MPa，含镁量不低于 6%的铜铝合金。当外壳容积不大于0.01 L时，可采用陶瓷材料制造；当外壳容积不大于 2.0 L 时，可采用塑料材料制造，但塑料外壳的结构强度受成型工艺及易自然老化的影响，一般用于外壳容积小于 0.1 L 的隔爆部件。

隔爆外壳由于要承受爆压的冲击力，因此其壁厚值相对其他防爆型式的外壳要大。以铸铝壳体为例，容积不大于 2.0 L 的外壳，壳壁厚度应在 4.0～8.0 mm 之间，法兰厚度应在 8.0～12.0 mm 之间；铸铝外壳的壁厚由于致密度相对较高，其壁厚可设计得小一点。当容积大于 4.0 L 时，须采用铸钢等黑色金属材料。

三、隔爆外壳的隔爆性

由于制造、安装、维护等原因，隔爆外壳不可能是天衣无缝的整体，而是由许多个零部件组成。零件间的连接缝隙会成为壳内的爆炸产物所通过的路径，引燃周围的爆炸性气体混合物。这些零部件的配合部分称隔爆接合面，其接合缝隙称隔爆接合面间隙。

隔爆外壳的隔爆性是建立在隔爆接合面对内部的爆炸火焰有冷却作用的理论基础上的。隔爆接合面的结构形式有平面式、止口式（图 4－1）、锯齿式（图 4－2）、曲路式（图 4－3）等。操纵杆和轴的配合属于圆筒式结构，它们分别应用于壳体与壳盖的接合处、壳体与操纵杆的接合处、电机轴伸与端盖的接合处、电缆或导线的引入装置与壳体的接合处、仪表及显示器窗与壳体的接合处等。

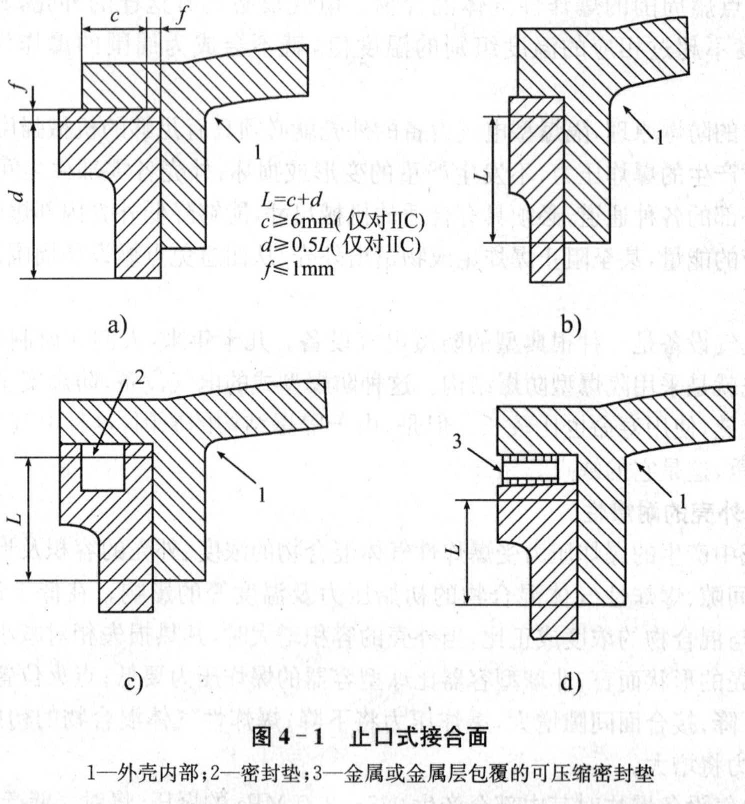

图 4－1　止口式接合面

1—外壳内部；2—密封垫；3—金属或金属层包覆的可压缩密封垫

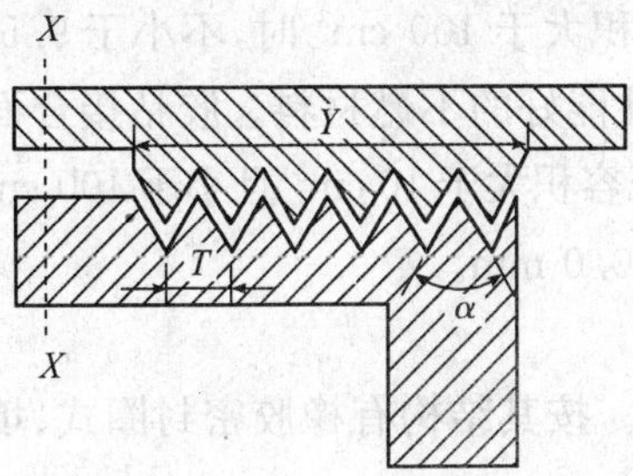

$Y \geqslant 5T$　试验长度 $= \dfrac{Y}{1.5}$

$T \geqslant 1.25$ mm　$\alpha = 60°(\pm 5°)$

图 4-2　锯齿式接合面

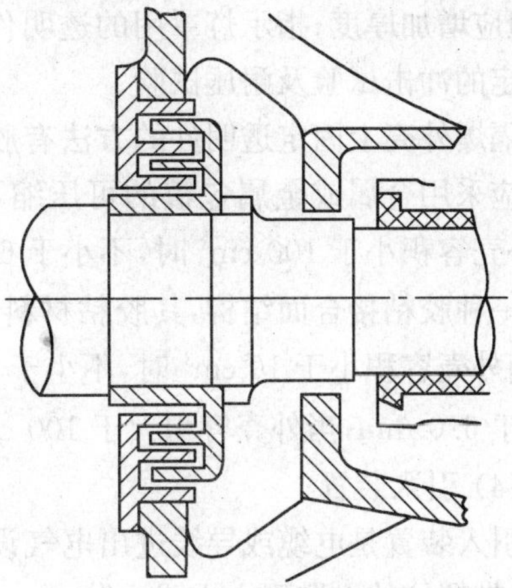

图 4-3　适用于圆筒轴承和滚动轴承的曲路式接合面

隔爆接合面的结构应能保证熄灭间隙中的火焰损失至少 20%的热量。为此,《爆炸性气体环境用电气设备 第 2 部分:隔爆型"d"》(GB 3836.2—2000)对隔爆接合面的宽度(L)、间隙(或直径差)(i)、法兰至壳体内缘的距离(l)、隔爆面的表面粗糙度(R_a)、隔爆螺纹的精度等有相应的规定。

为了防锈防腐,隔爆面的表面应涂 204—1 油脂。

四、隔爆外壳上的几个主要零部件

(1) 紧固件

紧固件应有足够的机械强度,当壳体爆炸时,不会引起螺栓断裂。紧固件应有防锈、防松措施,以保证平面式隔爆接合面的间隙。用螺栓紧固时,若用弹簧垫圈防松,只需将弹簧垫圈压平即可,不宜拧得太紧。为了避免外力对紧固螺栓的剪切,盖和壳体接合处的外型尺寸必须一致。

为了紧固牢靠,螺栓和螺母的材质不允许用塑料或轻合金,也不允许在塑料外壳上直接攻螺孔。

不透螺孔的深度应保证螺栓和螺孔紧固后,须留有大于 2 倍防松垫圈厚度的螺纹余量。不透螺孔的周围及底部厚度须不小于螺栓直径的三分之一,但至少有 3.0 mm 的裕量。

工艺用透孔或结构上必须穿透外壳的螺孔,应采用圆筒式或螺纹式隔爆型结构将其堵住,外露的端头须永久性固定。

(2) 联锁装置及警告牌

正常运行时会产生火花和电弧的电气设备,须设置联锁装置。联锁装置的机构应保证电源接通时壳盖不能打开;壳盖打开后,电源不能接通。

用螺栓紧固的外壳允许用警告牌代替联锁装置。警告牌内容为"严禁带电开盖!"。

(3) 透明件

透明件主要用于照明灯具的透明罩、仪表窗口、指示灯罩等部位。照明灯具的透明罩用钢化玻璃、高硼玻璃制成；仪表窗口用的透明件采用光学玻璃、钢化玻璃制成，前者透明性好，但应增加厚度；指示灯罩用的透明件采用钢化玻璃、聚碳酸酯塑料制成。以上均应能承受规定的冲击试验及耐压试验。

隔爆外壳上固定透明件的方法有胶粘式、衬垫式两种。对维修中不经常打开的透明件衬垫应采用金属或金属包覆的可压缩不燃材料制成，其厚度不小于2.0 mm。接合面的宽度：外壳容积小于 100 cm^3 时，不小于 6.0 mm；外壳容积大于 100 cm^3 时，不小于 9.5 mm。还有一种胶粘接合面结构，其胶粘材料应采用热稳定性能好的不燃材料。胶粘接合面的宽度：当外壳容积小于 10 cm^3 时，不小于 3.0 mm；当外壳容积大于 10 cm^3 且小于 100 cm^3 时，不小于 6.0 mm；当外壳容积大于 100 cm^3 时，不小于 10.0 mm。

(4) 引入装置

引入装置是电缆或导线进出电气设备的防爆部件。按其结构有橡胶密封圈式、填料密封式、带螺纹的电缆引入方式之分。

橡胶密封圈式引入装置是用压紧螺母将橡胶密封圈抱紧电缆或导线，同时挤实引入装置的内孔，达到致密效果。为了达到防爆要求，规定了密封圈的非压缩轴向长度：对同一外径，多层内孔的密封圈，当圆形电缆直径不大于 20 mm，非圆形电缆截面周长不大于 60 mm 时，最小为 20 mm；当圆形电缆直径大于 20 mm，非圆形电缆截面周长大于 60 mm 时，最小为 25 mm。对同一外径，只有一个内孔的密封圈，其密封圈的非压缩轴向长度：当外壳容积小于 0.1 L 时，最小为 10 mm；当外壳容积大于 0.1 L 时，最小为 16 mm。对ⅡC类容积大于 2.0 L的隔爆外壳，密封圈的非压缩轴向长度应符合多层内孔密封圈的有关规定。

密封圈的压紧件有压紧螺母式及压盘式两种结构，均用金属材料制成。当圆形电缆直径大于 20 mm 时，压紧件应有防拔脱机构。

填料密封式引入装置是在引入装置内充填热固性混合填料，其最小轴向长度应为 20 mm。填料密封盒内贯通的电缆芯线数应符合说明书要求，并保证沿密封长度 20 mm 各点上至少有 20%的横截面积有填料填充。

带螺纹的电缆引入装置的隔爆螺纹至少有 6 扣螺纹，并至少有 8 mm 长度。

(5) 衬垫

隔爆外壳上的衬垫有两种形式：防爆用的衬垫，应采用金属或金属包覆的可压缩不燃材料；防护用的衬垫，应采用橡胶或塑料的可压缩不燃材料，且不能计算在隔爆接合面内。

(6) 接线盒

有电火花及危险高温的电气设备应设置接线盒，构成间接引入方式。接线盒应有足够的尺寸便于设备的连线，电气连接件的电气间隙及爬电距离应符合增安型的要求。

如果电缆封入主外壳内，则外壳外部的电缆长度至少应为 1.0 m。

(7) 接地连接件

为安装方便，隔爆外壳上的接地连接件有内、外之分，连接件的尺寸应压紧4.0 mm^2 铜芯线，并有防松、防腐措施。金属管布线及双重绝缘的电气设备可不设接地连接件。

(8) 铭牌

铭牌是隔爆型电气设备标志及电气参数的承诺，也是安全管理的重要依据之一。其内容有额定电压、额定电流或功率、防爆标志、防爆合格证号、出厂日期或编号、制造厂名等。

五、隔爆型电气设备主要注意事项

(1) 隔爆型电气设备的外壳能保证内部引燃爆炸后不会点燃周围的爆炸性气体混合物，其安全程度较高，可用于1区、2区爆炸性气体危险环境。但内部爆炸会损坏电气部件，造成工艺装置的停产，所以对重要的工艺装置所配置的电气设备不能采用隔爆型电气设备。

(2) 在设计隔爆外壳时因考虑其耐爆性及隔爆性，所以会造成隔爆外壳的结构尺寸大、重量重，在安装时要注意其机架的稳固。

第二节　增安型电气设备

增安型电气设备是一种专门防爆型式的防爆电气设备，用符号“e”表示。它是工业企业中存在可燃性气体场所里使用十分广泛的一种防爆电气设备。

一、增安型电气设备的防爆原理

通常认为，当供电的额定电压不超过11 kV(交流有效值或直流值)时，在正常运行条件下和(或)认可的过载条件下不会产生火花、电弧和(或)危险温度的电气设备，才允许设计和制造成增安型电气设备。显然，不符合这些条件的电气设备是不允许制成增安型防爆型式的。

在上述的限定条件下，增安型电气设备，不是使用像隔爆型电气设备中使用的所谓“隔爆外壳”那样进行“防爆”的，而是根据燃烧与爆炸的充要条件，对电气设备的各个部分采用机械的和(或)电气的增强措施，进一步提高它们的安全可靠程度，从而避免它们产生火花、电弧和(或)危险温度的可能性，也就是说，对电气设备采取和提出一些结构措施和安全要求，使它不可能成为可燃性气体的点燃源。

增安型电气设备在机械结构、外壳防护、电气绝缘、导线连接、电气间隙和爬电距离、极限温升等方面都有特殊要求，以保证具有可靠的防爆安全性能。

二、外壳防护的有效性

增安型电气设备是依靠外壳的防护措施来保护内部的电气部件的。外壳防护措施不好，粉尘及水分会侵入壳体内的电气绝缘构件上，造成电气设备的过载或短路，产生电火花或电弧，引燃周围的爆炸性气体混合物。

外壳防护等级的代码为IP，后加防外物侵入及防水侵入数字代号，如IP54表示防外物侵入5级，防水侵入4级，意义为壳体内有少量粉尘侵入，但不影响电气设备的正常运行，并且任何方向的溅水对电气设备的正常运行无影响。关于外壳防护等级的划分及试验见GB4208—1993标准。

增安型电气设备的外壳防护等级应符合以下规定：内装裸露带电零件的外壳(如接线连接件)，至少应有IP54的外壳防护等级；内装绝缘带电零件的外壳(如电磁阀线圈)，至少应有IP44的外壳防护等级。

三、电路连接的可靠性

(1) 外部电缆的连接

外部电缆进入电气设备后，一般都在接线端子处接线。如果连接件尺寸过小，连接件上的电流密度过高将造成接点过热，如果连接松动接触不良将产生电火花，都有可能引燃周围的爆炸性气体混合物。为此，电气连接件应有足够尺寸，保证与电气设备额定电流相适应的导线可靠连接。无论连接件的结构如何，均应有可靠固定和防松措施，制造厂在说明书中应规定连接导线的规格及数量。

连接件在规定的扭转力矩下不应转动及损坏；连接件应有一定的接触压力，并应在温度变化时也不会削弱其接触压力；连接件不应在固定位置上自动滑出；连接件不应通过绝缘材料传递接触压力；用作多股导线的连接件须有弹性零件，保证 4.0 mm^2 及以下的芯线都有可靠连接。

铝导线不能直接和连接件连接，应采用铜铝过渡接头。

(2) 内部导线的连接

增安型电气设备内部导线的连接同样应连接可靠，并应消除不适当的机械应力。因此只允许采用以下导线的连接方法：

① 能防止松动的螺栓及螺钉连接；

② 挤压连接；

③ 导线用机械方法连接后，再用锡焊连接；

④ 硬焊连接；

⑤ 熔焊连接。

增安型电气设备的内部配线大多采用①，②，③之一连接方式；当连接要求足够的机械强度及耐热性时，应采用④，⑤之一连接方式，如鼠笼式三相异步电动机导条和端环的焊接。

四、增大电气间隙及爬电距离

电气间隙是指两个导电部分之间的最短空间距离；爬电距离是指两个导电部分之间沿绝缘材料表面的最短距离。前者与空气的击穿电压有关，后者与绝缘材料表面闪络电压有关。

(1) 电气间隙

计算电气间隙应按零件的作用及所处的位置来考虑，并有以下两种形式：

① 带电零件之间及带电零件与接地零件之间；

② 带电零件与易碰零件之间。

所谓易碰零件是指易被操作者触及的金属零件，如电气设备的外壳、操作手把、框架或底板等。这类零件虽然正常时不带电，但如果不接地又发生电气零件绝缘损坏就有可能带电，对其碰触就会引起火花。

电气间隙与导电零件所施加的工作电压有关，如果施加的工作电压有一定的范围，则应按最高工作电压来确定。如变送器的工作电压为 DC12V～36V，则连接接线端子应按 DC36V 计算。

(2) 爬电距离

电气设备电气部件的绝缘材料如选择不恰当，或导电零件之间的距离设计得过小，当绝缘材料表面存有灰尘、导电介质时，在电场的作用下，会产生漏电、局部热分解、绝缘材料表面碳化现象。严重时将形成放电通道，产生电火花、电弧及局部发热。

爬电距离的计算应根据工作电压、绝缘材料的耐泄痕性和绝缘材料的表面形状等考虑。

耐泄痕性是指在固体有机绝缘材料表面施加可电离分解污染液或污染杂质时对电场的作用力。它是以确定相比漏电起痕指数来划分为Ⅰ、Ⅱ、Ⅲa 和Ⅲb 三个等级的。Ⅰ类绝缘材料为上釉的陶瓷、云母、玻璃等无机材料等；Ⅱ类绝缘材料为三聚氰胺石棉耐弧塑料、硅有机石棉耐弧塑料、不饱和聚酯团料等；Ⅲa类绝缘材料为三聚氰胺玻璃纤维塑料、表面用耐弧漆处理的环氧玻璃布板等。

五、绝缘材料

通常，从绝缘材料产品的形态可分为三大类：气体、液体、固体绝缘材料。气体绝缘材料在高压开关中应用较广，液体绝缘材料以矿物油为主，用作低压变压器的绝缘油；固体绝缘材料大量用作电气设备的绝缘构件。防爆电气设备的绝缘材料有以下要求：

(1) 固体绝缘材料应有不燃、难燃性能；

(2) 固体绝缘材料吸潮性要小；

(3) 固体绝缘材料应有耐电弧性能；

(4) 固体绝缘材料应有耐热性能。

所谓耐热性是指固体绝缘材料在某一温度下能长期运行而不会损坏的工作温度值。固体绝缘材料应能保证工作在高于设备连续运行温度至少20.0℃，但不低于80.0℃时，仍有良好的机械性能。

电气设备的工作温度不同，要求选用的耐热等级也不同。固体绝缘材料的耐热等级分为Y、A、E、B、F、H、C等。B、F绝缘材料用得较多，如三聚氰胺石棉耐弧塑料、DMC塑料，其极限温度在130～155℃之间。

增安型电气设备还对电动机、变压器、电磁铁的绕组用线做了以下规定：至少应包覆两层绝缘材料的裸线；至少应包覆一层绝缘材料的薄型漆包线；QZ－2型牌号的厚漆包线。同时，绕组应采用以下浸漆方法之一：沉浸法、滴注法、真空浸渍法。不能采用涂刷及喷洒方法作为浸渍处理。如果使用有机溶剂作为浸渍剂时，浸渍及干燥过程必须进行两次。

增安型电气设备的绕组不允许采用公称直径小于0.25 mm的导线绕制，如有特殊原因，可将绕组制成本质安全型或胶封型结构。

六、限制设备的表面温度

限制设备的表面温度是增安型电气设备主要的防爆措施。因为，增安型电气设备的外壳只有防护功能，设备的表面温度不能考虑外壳的表面，而应考虑壳内的电气部件表面温度。这样，很难提高设备的温度组别，因此，须从限制极限温度及进行电气保护两个方面采取措施。

(1) 极限温度

所谓极限温度是指电气设备或其部件的最高允许温度。在确定极限温度时，应考虑两个因素：爆炸性气体混合物被点燃的危险温度；结构材料的极限温度。对于电动机应在启动、额定运行或规定的过载状态(t_E时间结束时)，其任何部位的最高表面温度均不允许超过规定的温度组别；单插头荧光灯的镇流器应考虑灯管老化后产生的整流效应。

对于导线及所有安装的金属部件，还应符合以下规定：不允许降低材料的机械强度；不允许因热膨胀而超过材料的许用应力；不允许损坏邻近的绝缘材料。

(2) 电气保护装置

增安型电气设备在运行时，还会产生过载、短路现象。将使电气部件局部造成过热及电火花，引燃周围的爆炸性气体混合物。所以，增安型电气设备还应加电气保护装置。

保护装置一般有两种形式：

① 电流保护方式

由熔断器、断路器、热保护元件组成控制电路。当电气设备过载时，热元件自动脱开，供电电源切断，也称间接控制方式。

② 温度保护方式

将热敏元件埋入绕组内部进行控制的温度保护方式。由于热敏元件直接反映温度的变化，也称直接控制方式。

(3) 增安型电气设备还对旋转电机、馈电网络供电的灯具、自带电源的手灯和头灯、测量仪表及仪表用电流互感器、蓄电池、通用接线盒及分线盒、电阻加热元件及加热器专门作了如下规定。

① 旋转电机

外壳防护的专用规定：装有冷却空气进出口管道的封闭式风冷电动机，其管道接头进出口处的防护等级应不低于 IP20 要求；电动机的防护等级应不低于 IP44 要求；安装在清洁室内并有专人管理的电动机，其电动机的防护等级应不低于 IP44 要求；垂直安装的电动机，其通风孔上应设置挡板，防止外物垂直进入壳内。

内风扇的专用规定：内风扇的材料当采用铸铝合金时，其含镁量应小于 6%；当采用塑料时，其表面电阻值应不超过 1.0 GΩ，但风扇旋转线速度小于 50 m/s 除外。风扇与风扇罩、通风孔挡板、紧固件之间的最小间隙应大于风扇直径的1/100，其不小于 1.0 mm，不必超过 5.0 mm。

最小径向单边间隙：增安型电动机的转子与定子之间不应在旋转时产生扫膛摩擦，引起高温及摩擦火花。为此，应规定最小径向单边间隙。其数值应符合相关标准的规定。

鼠笼转子电动机的专用规定：除应符合上述规定外，还要求鼠笼转子的端环与导条压铸一体或采用硬钎焊或熔焊连接一体。导条与铁芯槽应压紧在一起，以防止电动机旋转时产生火花。在启动时转子的极限温度不应超过 300℃。电动机应确定堵转时间 t_E 及启动电流比 I_A/I_N并在铭牌上标出，以便用户选用温度控制器。

② 馈电网络供电的灯具

馈电网络供电的灯具仅允许使用以下灯具：白炽灯、单插脚荧光灯、自镇流高压汞灯，灯管(泡)破裂后，其温度不高于极限温度的其他类型的灯具。高压汞灯、高压钠灯、金属卤化物灯当灯泡破裂后，其引燃极仍在点燃，极温可达一千多度，无论何种爆炸气体都会引燃。单插脚荧光灯管在安装及更换时，注意不能碰碎，因为，灯管破碎瞬间将产生绝热压缩效应，即使灯管不点亮，也会引起爆炸。

灯管(泡)插头的插座应有隔爆小室，避免灯管(泡)带电更换时，产生的电火花引燃爆炸性气体混合物。

灯头边缘及灯泡焊接部分的温度不应超过 195℃。

灯管(泡)与透明罩之间应有一定距离，以便降低灯具的温升及热破损。

透明罩应有保护网，并且网孔面积最小为 50 mm×50 mm。

③ 自带电源的手灯和头灯

灯泡应用透明罩防护，其间距应不小于 1.0 mm。透明罩应有保护网：当外露面积不超过 50 mm^2 时，可以用 10.0 mm 凸台保护；当外露面积超过 50 mm^2 时，如无保护，应承受 4.0 J冲击能量的试验。

如果灯泡装在弹簧灯座中并与透明罩接触，其接触时弹簧行程至少为3.0 mm。

灯具内装开关类部件，应采用隔爆型等防爆结构。

④ 测量仪表及仪表用电流互感器

测量仪表及仪表用电流互感器的线圈、连接件等应符合增安型结构的要求。测量仪表应采用经得起过载的电磁式仪表。并应经得起短路电流的试验不损坏。

⑤ 蓄电池

凡是铅酸型、铁镍型、镍镉型蓄电池均可制成增安型蓄电池。其箱体应由钢板及相当强度的材料制成，内衬绝缘防腐材料，以抵抗电解液的腐蚀。电池箱通风孔的防护等级不低于IP23。单体蓄电池的极柱应采用熔焊或钎焊等方式连接，连接的导线应有足够的载流量。

严禁在危险环境中进行蓄电池充电！

⑥ 通用分线盒及接线盒

通用接线盒及分线盒应有足够的尺寸，以便于外部电缆的可靠连接。接线连接件的规格满足使用的额定电流及功率，并有防松防腐措施。

⑦ 电阻加热元件及电阻加热器

电阻加热元件有管式和绕式之分。前者为恒电阻加热元件，如空间加热器；后者为自限温半导体元件，如加热电缆。恒电阻加热元件的恒温依靠外部配置的温度控制系统来实现，自限温半导体元件的温度达到设计温度值后将维持不变。

用恒电阻加热元件组成的加热器，应有超限温控制开关，并在温度设定后加以锁定。加热器的控温系统和超限温控制开关应串接控制。

电阻加热器应设置漏电保护器。如安装在TT或TN电源接地系统，应采用漏电动作电流不超过30 mA的保护器；如安装在IT电源接地系统，应采用绝缘电阻小于50 Ω/V切断的绝缘继电器。

七、增安型电气设备主要注意事项

(1) 增安型结构只能适用在正常运行时无电火花及危险高温的电气设备上，应用是有局限性的。

(2) 与隔爆型相比，特点是结构轻巧，安装维护方便，因此，经常使用在隔爆增安复合型防爆电气中的接线盒(箱)或隔爆部件的增安外壳结构上。

(3) 增安型电气设备的外壳不能起到防爆作用，安全程度决定于安装的可靠及维护的好坏，可在1区(部分产品)、2区爆炸性气体环境中使用。

第三节 本质安全型电气设备

本质安全型(本安型)电气设备，是一种内装本质安全电路的设备，它包括设备和电路，还可以包括关联设备以及连接电缆，是石油、化工、煤炭等存在可燃性气体的现代工业中应用十分广泛的电气设备，通常用符号“i”表示。

这种防爆型式是对电路系统而言的，是利用限制电路能量的方法来实现防爆的。在这种电气设备中，即使电路发生短路、开路、绝缘击穿等故障引起的电气放电以及热效应都不能够引起爆炸性气体混合物点燃。因而，它从本质上是安全的，其特点是：

① 安全程度高，ia等级可用于0区，其他防爆型式均不能用于0区；

② 体积小，重量轻，造价低；

③ 结构简单，易操作、维护。

所以,在防爆产品选型上,应尽可能选择本质安全型。

本质安全电路的关联设备,是一种同时包含本质安全电路和非本质安全电路,而且它的结构保证非本质安全电路不能对本质安全电路产生不利影响的电气设备。它是一种特殊的非防爆型设备,只能运行在非爆炸性危险场所中,当使用其他的防爆型式保护后才允许运行在爆炸性危险场所中。

本质安全型电气设备及关联设备的本质安全部分,按照安全水平的高低,分为两个等级:"ia"级和"ib"级。

"ia"级的本质安全型电气设备的防爆安全水平比"ib"级的高,它可以应用于爆炸性气体环境中的0区。

在这种防爆型式的电气设备中,无论是设备的结构还是电路的参数,都必须保证可能出现的故障不会产生足够的点燃能量,从而破坏了燃烧与爆炸发生的充分必要条件,避免了爆炸性气体混合物的燃烧与爆炸。

一、本质安全型电气设备的结构

本质安全型电气设备主要是依靠自身的电路参数来保证它的防爆安全性能的。所以,本质安全型电气设备和关联设备的本质安全部分,原则上不需要外壳进行保护。但是,当这种设备和电路有可能遭受外部侵害,例如机械伤害、电气伤害、潮湿腐蚀、环境污染时,适当的外壳保护还是需要的。通常情况下,这种保护外壳具有IP20的防护等级就可以了。然而对于Ⅰ类设备,外壳的防护等级应该低于IP54。

(1) 外部导线的连接

外部电缆或电线引入本质安全型电气设备的方式有两种:电缆或电线直接连接在它的接线端子上,或者,用插头—插座方式插接连接。

① 接线端子

在采用电缆或电线直接连接在接线端子上时,接线应该满足以下要求:

连接要求导电性能好、机械性能好,要保证导线连接可靠,不应该在使用期间发生松动,例如,可以采用弹簧垫圈作为防松措施。

a) 电气间隙和爬电距离

本质安全电路接线端子之间,本质安全电路接线端子与非本质安全电路接线端子之间的电气间隙和爬电距离应该符合表4-1中规定的相应数值。

此外,外部导线连接后(图4-4)导线裸露带电部分之间的电气间隙不应该小于6 mm,导线裸露带电部分与接地金属导体之间的电气间隙不应该小于3 mm。

b) 隔离

本质安全电路接线端子与非本质安全电路接线端子之间,除符合电气间隙和爬电距离的要求外,还应该设置必要的隔离措施以防止接线松脱出现"搭线"现象。

这种隔离措施可以采用两种形式:

本质安全电路接线端子与非本质安全电路接线端子之间至少相隔50 mm的间距。

在本质安全电路接线端子与非本质安全电路接线端子之间设置隔板进行隔离。

在采用隔板隔离时,这种隔板可以是接地金属板,也可以是非金属板。当采用金属板时,金属板应该有足够的厚度,能够通过故障条件下出现的异常电流而不被烧穿和损坏;当采用非金属板时,非金属板应该具有足够的机械强度,防止使用过程中被折断和损坏。不管是什么材料的隔板，它的尺寸应该保证与设备外壳壁之间的距离不大于15 mm。

表 4-1　电气间隙、爬电距离和间距

1. 电压(峰值)/V	10	30	60	90	190	375	550	750	1 000	1 300	1 575	3 300	4 700	9 500	15 600
2. 电气间隙/mm	1.5	2.0	3.0	4.0	5.0	6.0	7.0	8.0	10.0	14.0	16.0				
3. 通过浇封化合物的间距/mm	0.5	0.7	1.0	1.3	1.7	2.0	2.4	2.7	3.3	4.6	5.3	9.0	12.0	20.0	33.0
4. 通过固体绝缘的间距/mm	0.5	0.5	0.5	0.7	0.8	1.0	1.2	1.4	1.7	2.3	2.7	4.5	6.0	10.0	16.5
5. 空气中的爬电距离/mm	1.5	2.0	3.0	4.0	8.0	10.0	15.0	18.0	25.0	38.0	49.0				
6. 涂层下的爬电距离/mm	0.5	0.7	1.0	1.3	2.6	3.3	5.0	6.0	8.3	12.0	13.3				
7. 相比漏电起痕指数 CTI	I_a		100	100	100	175	175	275	275	275	275	275			
	I_b		100	100	100	175	175	175	175	175	175	175			

注：1　除间隔距离以外，目前没有提出高于 1 575 V 电压的规定值。
　　2　在电压低于 10 V 时，绝缘材料的相比漏电起痕指数不需要规定。

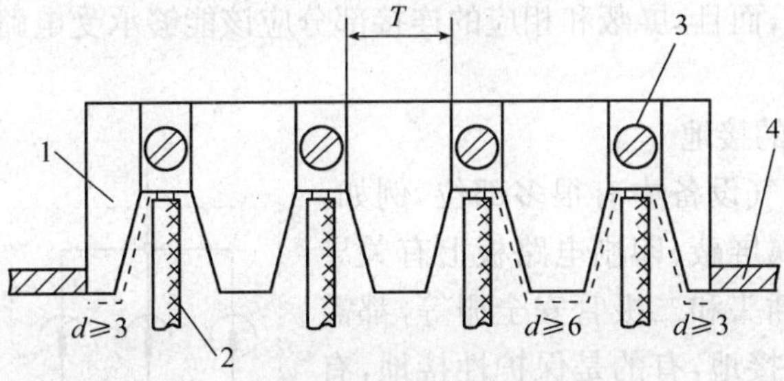

图 4-4　外部导线连接时电气间隙和爬电距离示例

1—绝缘接线板；2—外部连接导线；
3—接线端子；4—金属外壳；
T—符合表 4-1 中规定的数值；
d—外部连接导线裸露带电部分符合的数值

② 插头与插座

当外部电缆或电线引入本质安全型电气设备时，用插头—插座是一种比较方便的连接方式。在使用这种连接方式时，原则上，在未连接的情况下，插头应该连接在非带电侧，插座应该连接在带电侧。

此外，所有的插头—插座，包括本质安全电路与非本质安全电路的插头—插座，都不允许互换、错插，而在插接后必须锁紧。

(2) 导线

在本质安全型电气设备和电路中，导线除应该满足电路要求的载流量外，还必须符合相应的温度组别的温度要求。也就是说，当导线通过某个电流时，导线的发热温度不应该高于设备温度组别的温度值，这就是选择导线的原则。

在通常情况下，设备内部使用的铜导线应该符合表 4－2 中规定的相关要求。

表 4－2　在环境温度为 40℃时铜导线直径、载流和温度组别的关系

直径/mm	横截面积/mm^2	在下列温度组别时允许通过的最大电流/A		
		T1—T4 和Ⅰ类	T5	T6
0.035	0.000 962	0.53	0.48	0.43
0.05	0.001 96	1.04	0.93	0.84
0.1	0.007 85	2.1	1.9	1.7
0.2	0.031 4	3.7	3.3	3.0
0.35	0.096 2	6.4	5.6	5.0
0.5	0.196	7.7	6.9	6.7

注：表中直径和横截面积都是制造商规定的标称值。

二、结构上的特殊要求

在本质安全型电气设备中，常常存在一些特殊的结构和要求，它们对于保持设备的安全性能十分重要。

(1) 接地屏蔽

有时候，在安全电路中需要设置金属屏蔽来为电路或电气元器件提供保护性隔离。这种屏蔽应该可靠接地，而且，屏蔽和相应的连接部分应该能够承受电路在故障情况可能出现的最大电流。

(2) 设备及电路的接地

在本质安全型电气设备中有很多部位，例如，设备的金属外壳、金属屏蔽、印刷电路板上有关导线、插接装置的隔离插头和二极管安全栅等，都需要可靠地接地。这些接地，有的是保护性接地，有的是功能性接地。

使用接地连接装置进行接地时，通常情况下，对于“ia”级的本质安全型电气设备，连接装置应该具有三个完全独立的插接元件并联组成；对于“ib”级的本质安全型电气设备，连接装置应该具有两个完全独立的插接元件并联组成。这种连接装置的示意图如图 4－5 所示。

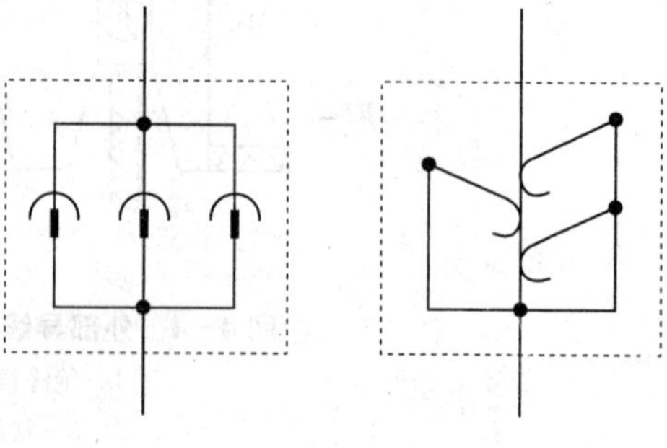

(a)　　(b)

图 4－5　连接装置示意图

(a)—三个完全独立的插接元件

(b)—三个非独立的插接元件

插接元件应该牢固地固定在设备的壳体上，所有连接必须接触可靠。

(3) 继电器

在本质安全型电气设备中，有时候使用一种小型继电器。一般情况下，在继电器线圈接到本质安全电路时，它的额定电流不应该超过 5 A，额定电压不应该超过 250 V。

当继电器的额定电流不超过 10 A，视在功率不超过 500 V·A 时，它的电气间隙和爬电距离，不应小于表 4－1 中相应数值的两倍。

当继电器的额定电流超过 10 A，视在功率超过 500 V·A 时，如果在同一个继电器上接有本质安全电路和非本质安全电路的话，那么，在这两种电路之间必须用接地的金属隔板或绝缘隔板隔离起来。即使在这种情况下，电气间隙和爬电距离也必须大于表 4－1 中规定的相应值。

(4) 防止极性反接

在本质安全电路中，为了防止电源(例如，直流电源，电池或蓄电池组)的极性反接，在电路“入口”处设置防止极性反接保护环节，例如，串接一只二极管，或者采用二极管桥式环节。

三、本质安全电路中的元器件

(1) 定额

在本质安全型电气设备和电路中，任何与本质安全性能有关的元器件都不应该在它的安装条件和允许温度范围内的额定值下工作。国家标准规定，这样的元器件在安装条件下的运行定额(电流、电压和功率)不得超过元器件制造商批量生产时标称额定值的三分之二。

这样的规定，被称为“三分之二原则”，它表明，在本质安全型电气设备中所使用的元器件已经引入了 1.5 倍的安全系数，不会因为施加在它上面的电压、电流或功率引起元器件发生击穿或过热，确保了元器件自身的安全性能。

这个“三分之二原则”的规定，不适用于诸如变压器、熔断器、热断路器和继电器之类的器件。因为这些器件只能在器件上标志的额定参数下才能正常工作。

(2) 电源变压器

① 保护措施。向本质安全电路供电的变压器的输入电路应有熔断器或断路保护器。

② 变压器结构。一般有两种：本安绕组与其他绕组分开布置；本安绕组与其他绕组内外重叠布置。要求向本安电路供电的绕组应与其他所有绕组隔离。特别对于结构为本安绕组与其他绕组内外重叠布置的变压器，本安绕组与其他绕组应设加强绝缘或用铜质接地屏蔽隔离。

③ 电源变压器铁芯必须接地。

④ 绝缘介电强度试验电压

a) 输入与输出绕组之间：2 500 V；

b) 全部绕组与铁芯或屏蔽之间：1 000 V；

c) 向本安电路供电绕组与其他绕组之间：1 500 V。

在试验期间，绕组之间的绝缘或任一绕组与铁芯或屏蔽之间的绝缘应不发生击穿。

⑤ 变压器本安供电绕组的出线端子与其他端子分两侧布置，电气间隙和爬电距离应满足表 4－1 中规定的要求。

⑥ 其他变压器：例如耦合变压器之类的其他变压器，绝缘介电强度试验电压不低于 1 500 V。其他相关要求参照电源变压器执行。

(3) 电池及电池组

在本质安全型电气设备和电路中，常采用蓄电池作为电源。尤其是在移动式电气设备上，由电池供电不仅使用方便，而且电压的品质也好。

① 电池(组)的类型和结构

在本质安全型电气设备和电路中使用的电池和电池组，应该是密封性能好的、在使用期间不添加电解液的。例如，气密式电池、阀控式电池、具有密封阀控性质的电池等。

所谓气密式电池，是指在制造商规定的充电极限和温度范围内能够保持密封性能而不释放出“电池气”和泄漏电解液的电池；所谓阀控式电池，是指在正常情况下是密封的，但当内部的压力超过某个值时自身的阀开启释放“电池气”，一旦压力减小至那个值时便自动关闭。

这些类型的电池应该具有一个密封的金属外壳或塑料外壳。

外壳不得有接缝或接口，例如，采用整体拉伸法、离心浇铸法、焊法就可以制成这样的外壳。

当采用其他类型蓄电池时，电池和电池组应该用浇封化合物浇封在一起，并经过有关试验验证电池在使用期间不会泄漏电解液。

在本质安全型电气设备中，组成电池组的电池应该是同一电化学性质的电池，而且它们的标称容量和标称电压是一致的。

② 电池和电池组的可靠限流器件

在电池组中，人们可以使用可靠限流器件，例如，可靠限流电阻器，限流电路等环节并保护电池组的输出安全。可靠限流器件在电路中可以和电池组组合在一起，也可以单独地设置。

电池组和它的可靠限流器件一起放置在关联设备内，向本质安全型电气设备提供电源输出时，电池组和可靠限流器件在关联设备内的安装和更换，不应该影响本质安全型电气设备和电路的本质安全性能。

当电池组和它的可靠限流器件一起放置在爆炸性危险场所中时，电池组和可靠限流器仍应该浇封在一起，形成一个浇封单元，只允许本质安全输出端子和本质安全充电端子裸露出来。

如果在爆炸性危险场所中更换电池组时，是以整个浇封单元更换。

如果不在爆炸性危险场所中更换电池组时，电池组应该有一个符合相应防爆型式的保护外壳，而且在更换电池组时不允许降低本质安全型电气设备的本质安全性能，有防止电池组从设备中分离出来的措施，设备上应保持制造厂设置的警告标志：“在爆炸性危险场所中不得更换电池和(或)电池组!”。

③ 电池和电池组的充电

电池，或称蓄电池，有两种形式：不可充电的、仅一次性放电使用的，被称作原电池；可以充电的、能够多次充电—放电使用的，被称作二次电池。在本质安全型电气设备中使用着各种各样的原电池或二次电池。

当本质安全型电气设备使用二次电池作为电源时，假若电池组有外露的充电触点，则这些触点应该用下列方法保护起来，防止偶然发生短路。

在充电电路中设置阻塞二极管或串联可靠限流电阻器，对于“ia”级电路应用三只二极管，对于“ib”级电路应用两只二极管。

对于Ⅱ类设备，充电电路应该有一个防护等级不低于 IP20 的外壳，并设置警告标志：“不允许在爆炸性危险场所中充电!”。

(4) 熔断器

在本质安全型电气设备中，人们使用着不同型号的熔断器来进行电路保护，使用着各种半导体器件组成电路的不同功能环节。不管什么情况，这些元器件都应该符合下面的相应要求。

通常情况下，熔断器是由熔断体和它的支持件组成的。在定义熔断器的额定电流时，一般有两种电流：熔断体的额定电流和支持件的额定电流。而熔断器的额定电压则只有一个，对于熔断体和支持件，是一致的。

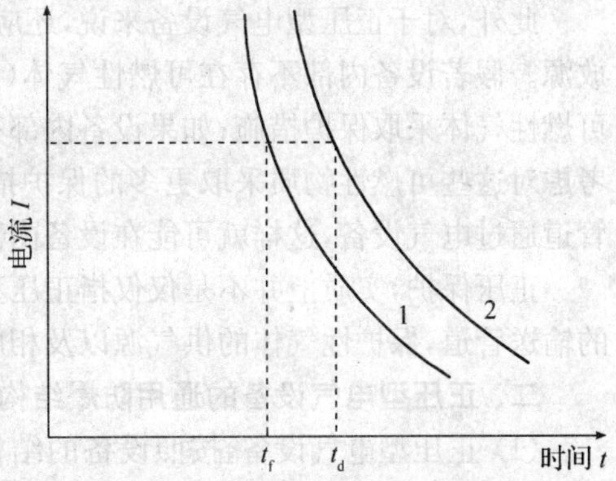

图 4-6 熔断器的时间—电流特性曲线示意图

1—时间—电流特性；2—被保护元件的瞬态值

在本质安全型电气设备中，当熔断器被用来保护相应电路时，则熔断器应该能够连续地通过 $1.7I_n$ 的电流（其中，I_n 是指熔断体的额定电流）；熔断器的时间—电流特性（图 4-6）应该保证被保护元件达到瞬态值之前将熔体熔断。而且，熔断器应该能够快速地分断电路中可能出现的最大预期电流（在电压不大于 250 V 的电路中，它等于 1 500 A）。

此时，熔断器的额定电压，不应该小于可能施加在关联设备的非本质安全接线端子上的最高电压（U_m）或施加在本质安全电路接线端子上的最高输入电压（U_i）。

第四节 正压型电气设备

正压型电气设备，用符号"p"表示，是一种在工业企业爆炸性危险场所中应用比较广泛的电气设备。尤其是一些大型电气设备（装置），例如，大型的电动机、电气控制柜等，在爆炸性危险场所中采用其他防爆型式有困难时，往往采用"正压型"防爆型式。

一、防爆原理

所谓正压型电气设备，就是在电气设备内充入具有一定压力的保护性气体，使它内部可能产生火花、电弧和危险温度的电气元器件处于保护性气体之中，这样，这些元器件就不会发生点燃爆炸性气体混合物的危险。

这种防爆型式按照保护水平可以分为 3 个保护等级：px 型正压保护、py 型正压保护和 pz 型正压保护。px 型正压保护，可以将正压型电气设备外壳内的危险区域从 1 区降低到非危险区，或将 I 类设备外壳内的危险区域降低到非危险区。

当电气设备要使用在爆炸性危险场所的 1 区或 2 区中，或者设备内包含有点燃能力的元器件时，电气设备应该设计、制造成 px 型正压保护的正压型电气设备。

py 型正压保护，可以将正压型电气设备外壳内的危险区域从 1 区降低到 2 区。

当电气设备要使用在爆炸性危险场所的 1 区或 2 区中，而且设备内不包含有点燃能力的元器件时，电气设备可以设计、制造成 py 型正压保护的正压型电气设备。

pz 型正压保护，可以将正压型电气设备外壳内的危险区域从 2 区降低到非危险区。

当电气设备要使用在爆炸性危险场所的 2 区中，而且设备内无释放源，但是包含有点燃能力的元器件时，电气设备可以设计、制造成 pz 型正压保护的正压型电气设备。

这里需要说明的是，"外壳内的危险区域从 1 区降到非危险区"的这类提法的含义是，正压型电气设备外壳内的危险区域就是它所处的使用环境中的危险区域；通过 px 型、py 型和

pz 型正压保护把它内部的危险区域降低到比它周围的危险区域还要低的程度。

此外，对于正压型电气设备来说，还应该考虑到它的内部是否存在可燃性气体（物质）释放源。假若设备内部不存在可燃性气体（物质）释放源，正压保护仅仅对设备所处环境中的可燃性气体采取保护措施；如果设备内部存在可燃性气体（物质）释放源，正压保护应该同时考虑对这些可燃性物质采取更多的保护措施。在化工工艺流程中，有时候往往有一些工艺管道通过电气设备，这样就可能在设备内部出现可燃性物质的释放源。

正压保护，实质上并不是仅仅指正压型电气设备，还应该包括与设备连接的保护性气体的输送管道，保护性气体的供气源以及相应的自动检测装置，它是一个系统保护体系。

二、正压型电气设备的通用防爆结构和安全要求

（1）正压型电气设备，按照设备的结构、功能和正压保护型式的不同，分类为静态正压型电气设备和非静态正压型电气设备。对于非静态正压型电气设备，又可以分为内含释放源的正压型电气设备和不含释放源的正压型电气设备。

这些不同类型的正压型电气设备，除有各自的专门要求外，都应该符合下面的通用防爆结构和安全要求。

① 结构材料和结构强度

在正压型电气设备中，设备的外壳被称作所谓的“正压外壳”，是这种防爆型式的一个重要结构。

通常情况下，正压外壳采用钢板，例如 Q235 - A 钢板，或者用不锈钢材料制成，也可以使用高强度的塑料制作，但塑料必须具有抗静电性能。

正压外壳应该具有足够的机械强度，除设备正常要求的结构强度外，外壳、与其相连的保护性气体输送管道以及连接部件应该在所有进排气口封闭的情况下承受 1.5 倍的最高正压的压力值，最低也应该承受 200Pa 的压力而不出现变形或损坏。

假若正压型电气设备在运行过程中内部压力可能引起外壳、输送管道以及相关的连接件发生变形，在正压保护系统中就设置自动安全装置，例如过压压力检测装置，将系统中的过压限制在不影响防爆型式的程度。

② 正压外壳的门和盖子

正压型电气设备的门和盖子同电气回路进行联锁。这种联锁，当门或盖子开启时，应该自动切断正压系统中未按相应防爆型式进行防爆处理的电气元器件的电源；当门或盖子没有可靠关闭之前，不能重新对这些元器件供电。

对于静态正压型电气设备，门或盖子必须使用专用工具才能够开启，而且还应该在它的外壳明显部位设置警告标志：“警告！严禁在危险场所开启！”。

此外，在正压型电气设备上，尤其是 I 类设备上，使用的紧固件应该是特殊紧固件。为了防止因内部压力过大在开启门或盖子的时候出现伤害事故，采用了双位紧固件，或者其他的特殊缓动措施。

③ 保护性气体的进气口和排气口

正压型电气设备上保护性气体的进气口和排气口的位置，是根据保护性气体的比重来设置的。当保护性气体的比重比空气大时，进气口开设在外壳的上部，排气口开设在外壳的下部；当保护性气体的比重比空气小时，进气口开设在外壳的下部，排气口开设在外壳的上部。不管进气口或排气口是在外壳的上部或下部，进气口和排气口都设置在外壳的相对侧。

这样的布置便于保护性气体的流动和吹扫换气。

进气口(或排气口)的面积,一般情况下按每 1 000 cm^3 正压外壳容积不小于1 cm^2 来计算。这样计算得出的进气口总面积,就可以保证正压外壳得以充分地吹扫(换气)。

④ 正压外壳内设置导流板

为了保证正压外壳得到充分的吹扫气流通过正压外壳内的每一个角落,正压外壳被分割成几个小的空腔,采用导流板来改善保护性气体的吹扫效果,小空腔上还单独设置一些进气孔,增加吹扫的通道。

⑤ 火花和炽热颗粒挡板

当正压型电气设备的排气口设置在爆炸性气体环境中时,在它的外壳内设置了一些挡板,防止外壳内的炽热颗粒和可能的放电火花通过外壳的排气口窜出外壳,飞到周围爆炸性气体环境中。外壳内不产生炽热颗粒的,就不设置这种挡板。

另一种情况,即当外壳内的触头工作电压不大于 275 V(交流)或 60 V(直流),工作电流不大于 10 A,而且触头还安装有灭弧罩时,正压外壳的排气口不设置火花和炽热颗粒挡板。为了防止火花和炽热颗粒从排出的气流中飞出,在它的气流流通方向上至少发生 8 次 90 度的方向改变。

⑥ 正压外壳的防护要求

在正压型电气设备内为了保持正常工作时内部压力高于外部压力的正压,除必要的进气口和排气口以外,正压外壳应尽可能地保持密封状态,防止保护性气体发生泄漏,降低外壳内的压力。

在通常情况下,正压外壳的防护等级不应该低于 IP4X,对于使用在潮湿和充满煤尘的场所的电气设备,防护等级不应该低于 IP44。

(2) 电气间隙、爬电距离和极限温度

① 电气间隙和爬电距离

在正压型电气设备中使用的电气绝缘材料,和其他防爆型式的防爆电气设备中使用的绝缘材料相比,没有原则的区别,电气间隙和爬电距离也应该是一样的。

但是,对于Ⅰ类电气设备来说,假若额定电流大于16A 的话,例如在断路器、接触器或隔离开关中,这种电流在开、关时可能产生电弧,所用的绝缘材料就根据相关标准另有要求了。

② 极限温度

正压型电气设备的温度组别应符合各种防爆型式电气设备的统一规定,但是,因正压保护等级的不同而不同,温度级别的确定方法,亦不尽相同。

对于 px 型保护等级和 py 型保护等级:在确定电气设备的温度组别时,既考虑设备外壳外表面的最高表面温度,还要考虑设备内部零件的最高表面温度,按照这两个温度中最高的那个作为确定温度组别的温度值。

对于正压型电气设备内的一些小元件(表面积不超过 10 cm^2),当它的最高表面温度低于相应的可燃性气体的点燃温度一定值时,它的最高表面温度可以高于温度组别的温度值;另外,当设备内部发热元件在开启门或盖子之前能够冷却到温度组别规定温度值以下时,它的最高表面温度也可以超过温度组别的规定值。

此外,当正压型电气设备的正压保护突然中断时,电气设备还应该具有一定的保护能力,防止在内部发热元件没有冷却到允许的最高温度之前接触可燃性气体。对于一些特殊设备，人们往往采用备用的通风系统来防止正压保护系统的突然中断，一旦中断，备用系统马上自动启动。

对于 pz 型保护等级：正压型电气设备的温度组别仅仅以正压外壳外表面的最高表面温度为依据来确定。

此外，正压保护突然中断时，正压型电气设备还应设置其内部带电部件的自身保护。

(3) 保护系统中自动安全装置的防爆型式

对于正压型电气设备来说，除正压外壳外，对正压保护系统的实时监测，是保证这种防爆型式防爆安全性能的一项十分重要的安全措施。这是正压型电气设备的一个重要特征。

在正压保护系统中，检测正压系统工况的监测单元(装置)本身不应该成为可燃性气体的点燃源，它应该符合某一种防爆型式的要求，或者把它安装在非爆炸性危险场所中。这一点是必须重视的。

在选择自动安全装置的防爆型式时，应该按照下列原则进行：

对于 px 型保护等级，自动安全装置的防爆型式应该采用"i"型、"d"型、"e"型、"m"型，"o"型或(和)"q"型。

对于 py 型和 pz 型保护等级，自动安全装置的防爆型式可以采用上述型式外，还可采用"nA"型或(和)"nC"型。

另外需要指出的是，各种自动安全装置是正压保护系统必需的伺服单元，它们应该在正压保护系统投入工作之前、运行之中和停止工作之后都提供可靠的"服务"。因而，自动安全装置的电源不应该和主电路共用一个电源，至少应该设置在主回路的隔离开关之前。

三、保护性气体

① 气体种类

在正压型电气设备中使用的保护性气体，是一种非可燃性的气体，它自身不会被点燃，不会影响正压外壳、输送管道以及连接件的可靠性，不会影响电气设备的正常运行。如氮气等一些惰性气体，可以作为保护性气体。

在用惰性气体作为保护性气体时，应防止其泄漏，并警告作业人员注意窒息的危险。

② 气体温度

在正压外壳的进气口处，保护性气体的温度，通常情况下，不应该超过 40℃。但是，在一些特殊情况下，保护性气体的温度可以较高一些，或较低一些。此时，应该把最高温度或最低温度标志在正压型电气设备的外壳上。有时候，还应该考虑如何避免因温度过高或过低而出现的凝露或结冰，以及温度高低交替变化引起的"呼吸"作用。

四、静态正压型电气设备的安全措施和安全要求

(1) 具有静态正压外壳的正压型电气设备，除应该符合正压型电气设备的一般要求外，还应该符合下列要求和规定：

① 正压外壳内部不应该包含可燃性物质的内释放源。

② 正压外壳内充入的保护性气体应该采用惰性气体，其中氧气浓度不应该超过 1%(体积比)。

③ 充入惰性气体的作业应该在非危险场所进行。

④ 在正压外壳上应该设置自动安全装置，例如压力传感器。对于 px 型和 py 型保护等级的设备，应该设置两台这样的装置；对于 pz 型保护等级的设备，可以只设置一台。当正压

外壳内的压力下降到规定值时，自动安全装置应该可靠地发出报警信号（声、光信号），并自动切断主回路的电源。

⑤ 在规定的不利运行条件下，正压外壳内的正压值必须高于外部压力 50 Pa。

(2) 内含释放源的正压型电气设备的安全措施和安全要求

在现代化工企业中和其他存在可燃性气体或易燃性液体的生产环境中，由于工艺流程的需要，往往有一些含有可燃性气体或易燃性液体的工艺管道要通过一些电气装置（设备），这些工艺管道在正压型电气设备中就可能是一种内释放源。

通常情况下，能够形成内释放源的正压型电气设备内的工艺管道部分被称为内置系统。

根据内置系统的结构可靠性和控制系统的设置状态，可以把内置系统分为无故障内置系统和有故障内置系统。因而，人们也把正压外壳内的内释放情况分为无释放工况和有限释放工况。

所谓内置系统的无释放工况，就是使内置系统不释放出可燃性物质。要做到不释放出可燃性物质，必须保证内置系统在任何情况下都不发生故障，或者，内置系统设置自动安全装置对系统进行保护。前者必须保证内置系统结构的可靠性；后者当设备在规定的极限温度和正常运行条件下，正压外壳内的最低正压比内置系统中可燃性气体（蒸气）的最高压力高出 50 Pa 时，便可以认为这种内置系统不会发生释放和泄漏。当正压外壳内和内置系统内的压差小于 50 Pa 时，自动安全装置便立即可靠地报警并切断相应的电源。

如通过内置系统的可燃性气体混合物的浓度，自始至终都低于它的爆炸下限时，也认为这种内置系统不会发生释放和泄漏。

为保证包含内释放源的正压型电气设备的运行安全性，一般要求采用正压保护技术：

① 泄漏补偿式正压保护，即对正压外壳供给一定数量的保护性气体，以补偿正压外壳及其连接的输送管道发生的任何泄漏，从而保持外壳内所需的正压值。

② 连续稀释式正压保护，即在正压外壳吹扫之后，连续以规定流量的保护性气体输入正压外壳内，以使外壳内可燃性气体的浓度始终保持在它的爆炸下限以下。

五、正压外壳内的热表面

在正压型电气设备内，如果有一些元器件的表面温度超过了从内置系统中释放出的可燃性气体的点燃温度时，正压保护系统应设置自动安全装置，一旦这些元器件的表面温度达到某一整定值时便发出报警（对于 pz 型保护等级），或者发出报警并中断通入内置系统的可燃性气体（对于 px 型保护等级）。

此外，在正压型电气设备上应设置警告标志，告诫并提示，正压外壳内存在着危险温度的热源，发热元器件断电之后多长时间才允许开启正压型电气设备的门或盖子。

六、有点燃能力的电气元器件

在正压型电气设备中，一些有点燃能力的电气元器件不可避免地处于内置系统的释放区域内，这些电气元器件应该具有相应防爆型式的防爆结构。

① 对于 px 型和 py 型保护等级，采用："ia"、型、"ma"型（正常释放时）；"i"型、"d"型、"e"型、"m"型、"o"型和"q"型（异常释放时）。

② 对于 pz 型保护等级，采用："ia"型、"ma"型（正常释放时）；"i"型、"d"型、"e"型、"m"型、"o"型、"q"型、"nA"型和"nC"型（异常释放时）。

第五节　浇封型电气设备

浇封型电气设备，用符号“m”表示，是一种越来越被人们重视、使用越来越广泛的防爆电气设备。

一、防爆原理

“浇封型”这种防爆型式是一种使用浇封化合物将被保护的电气元器件浇封起来，阻止这些元器件同周围的可燃性气体接触，避免引起点燃爆炸的保护形式。浇封型防爆型式分为两个保护等级：ma 级和 mb 级。

保护等级为 ma 级的浇封型电气设备，在下列任一工况下，都不应该点燃它周围的爆炸性气体—空气混合物：

① 在规定的安装状态和正常运行条件下。

② 在规定的故障条件下。

③ 在规定的非正常运行条件下。

在这种保护等级的电气设备中，电路中任一点的工作电压不应该超过 1 kV。假如电路中的元器件在规定的故障条件下不会对浇封化合物造成机械的或热的损坏，这些元器件也就没有其他的辅助保护环节。

ma 级浇封型电气设备允许使用在爆炸性气体环境中的 0 区，当然也可以使用在 1 区和 2 区。

保护等级为 mb 级的浇封型电气设备，在下列任一工况下，都不应当点燃它周围的爆炸性气体—空气混合物：

① 在规定的安装状态和正常运行条件下。

② 在规定的故障条件下。

mb 级浇封型电气设备不允许使用在爆炸性气体环境中的 0 区，只能使用在 1 区和 2 区。

在浇封型电气设备中使用的浇封化合物，具有很好的绝缘性能、耐热性能、黏结性能和一定的机械强度。如环氧树脂就具有这些性能，通常，在加入一定的填充剂后被用来作为这种浇封化合物。当然，除此之外还有一些其他的符合要求的化合物也常常被使用。

在温度的作用下，浇封化合物也不应因体积膨胀对安全性能造成不利影响。

二、浇封型电气设备的防爆结构和安全要求

浇封型电气设备，由于功能和结构的需要，可以具有容纳浇封化合物的保护性外壳（金属的或塑料的），也可以不用这种外壳，包围电气元器件的浇封化合物固化后就自然形成了设备的“外壳”。

不管是哪种情况，浇封型电气设备都必须符合下面的相应规定。

（1）结构和安全要求

浇封化合物的最小厚度：在浇封型电气设备中，固化后的浇封化合物中不应该有气泡、孔隙等不致密的缺陷；被浇封在浇封化合物中的空腔的容积：对于 ma 级设备，不应该大于 10 cm^3，对于 mb 级设备，不应该大于 100 cm^3。

浇封型防爆型式主要是依靠浇封化合物固化后的厚度或间隔的厚度来保持这种防爆型

式的保护性能的，因此，不管在什么情况下都应该保证这种厚度。

（2）特殊结构

在浇封型电气设备中有些比较特殊的结构，应予以特别的注意。

① 外部电气连接

所有通过浇封化合物进入电气设备的电缆或电线，都要密封良好。不管设备是在正常运行工况下，还是在规定的故障条件下，这种密封都必须能防止外部的可燃性气体进入浇封型设备中。为此，要保证浇封化合物至少要将电缆或电线覆盖5 mm。对于仅仅是靠浇封化合物固化后来固定和夹紧连接电缆（或电线）的，即使电缆有一定的保护措施，也要谨慎操作，防止电缆在浇封界面处被折断。

② 开关触点

在ma级浇封型电气设备中，不允许有开关触点。

在mb级浇封型电气设备中，允许有开关触点。但是，如果开关触点的设计工作电流大于开关额定电流的2/3值或者6A，这种开关触点就会在浇封前配置一个用无机材料制成的外壳。

③ 裸露带电部件的保护

在浇封型电气设备中，只要是从浇封化合物表面突出来的裸露导体，都应使用适当的防爆型式保护起来。

三、温度极限和保护装置

（1）温度限制

在浇封型电气设备中，温度是这种防爆型式保持防爆安全性能的一个十分重要的指标。

过高的温度，会导致浇封化合物丧失保护功能，会导致电气设备丧失防爆安全性能，因此，必须选择合适的电气参数，保证浇封型电气设备运行条件正常，使其表面温度不超过相应温度组别的温度值，它内部元器件的表面温度不超过浇封化合物的连续运行温度（在试验条件下）。

除此之外，还必须通过不同保护措施来限制浇封型电气设备的温度。

对于ma级设备，保护装置应该设置两个。

对于mb级设备，保护装置可以设置一个。

倘若保护装置是不能自动复位的，而且符合国家标准《小型熔断器》（GB9364.6—2001）和《热熔断体的要求和应用导则》（GB9816—2008）的要求，那么，不管是ma级设备还是mb级设备，允许设置一个保护装置。

假若浇封型电气设备的相关温度不超过浇封化合物的连续运行温度或温度组别的温度值，而且ma级设备不可能承受两个故障，mb级设备不可能承受一个故障的话，那么，这种浇封型电气设备可以设置一个保护装置。

保护装置可以是过流保护装置，例如，熔断器、热敏电阻等限流元件，也可以是过热保护装置，例如热熔体等。

（2）保护装置

对于过流保护，可以采用熔断器，此时，熔断器的额定电压不应该小于被保护电路的工作电压，熔断能力不应该小于电路发生短路时的故障电流。

通常情况下，熔断器的熔断体应该能够承受1.7倍的电路的额定电流。它的时间—电流特性值应该保证在熔断器运行时它的表面温度不超过浇封化合物的连续运行温度或温度组别的温度值。

对于过热保护，可以采用热熔体作为这样的保护装置。这种热保护主要是防止因电路发生故障形成的过热温度对浇封化合物造成的破坏作用。只有非自动复位的热传感元件才允许作为这样的保护装置。热传感元件与被保护的部位之间应该有很好的热导接触。

保护装置有的是与浇封型电气设备集成浇封在一起，有的则是设置在它的控制电路中的。当保护装置设置在控制电路中时，相应的电路应该符合本质安全型防爆型式的要求。

四、浇封型蓄电池

ma 级浇封型蓄电池（组）应该符合本质安全型防爆型式的要求。

（1）温度限制

浇封型蓄电池在正常运行条件下或最不利的负载条件下都应该符合以下要求：

蓄电池（组）的表面温度不应该超过制造商规定的温度，而且不得高于 80℃（在最高环境温度条件下）；最大的充电电流和最大的放电电流都不应该超过制造商规定的安全限位。

蓄电池（组）应该配置一个或几个安全保护装置，防止浇封化合物内部出现不允许的过热。

（2）保护措施

在浇封型蓄电池组中不允许同时使用两种以上类型的单体蓄电池，或另外类型的电源。

在浇封型蓄电池组中各个单体蓄电池的正、负极之间应该保持适当的间距。

浇封型蓄电池（组）的最大放电电流不应该超过制造商规定的最大负载时的放电电流。

假若在使用过程中有可能出现过载电流的话，在蓄电池组中或它的电路中应设置限流保护环节，最为简单的就是使用熔断器。

在浇封型蓄电池组中，还应该设置过放电保护环节。所谓过放电是指蓄电池（组）在放电过程中端电压低于制造商规定的终止放电电压的状态。当蓄电池组处于过放电状态时，蓄电池组中的个别单体可能会成为“落后电池”，而被反极性充电，这是不允许的。

在浇封型蓄电池组中或控制电路中应设置一种限压保护电路。当放电电压低于终止放电电压时，这个电路就自动断开放电回路。

蓄电池的种类不同而且繁多，终止放电电压也各不相同，例如，锂电池的终止放电电压（U_z）大约为 2.5～2.75 V。限压保护电路的整定值不应该小于 nU_z（n—蓄电池组中的单体个数，通常不应该大于 6）。

限压保护电路有的和浇封型蓄电池组集成浇封在一起，有的则设置在浇封型蓄电池组以外。当限压保护电路设置在浇封型蓄电池组外时，这种保护电路必须有相应的防爆型式予以保护。

（3）蓄电池组的充电

在浇封型蓄电池（组）中，充电电路可以与浇封型蓄电池（组）集成浇封在一起，也可以放置在浇封型蓄电池（组）以外。对于后一种情况，充电电路应该用相应的防爆型式进行保护。

在充电电路中应设置限流保护环节，防止充电电流大于制造商规定的额定充电电流，设置“过充”保护环节。如容量监测，是为了防止充至额定容量后充电过程仍然继续进行。

在充电电路中还应设置充电—放电“转换开关”。当放电过程中端电压达到终止放电电压时，转换开关自动地关闭放电回路打开充电回路；当充电过程中蓄电池达到额定容量时，转换开关自动地关闭充电回路打开放电回路。

第六节　其他防爆类型电气设备

一、油浸型电气设备

油浸型电气设备是一种特定防爆型式的电气设备，通常用符号“o”表示。这种防爆型式的电气设备在工业企业中应用虽不太广泛，却是一种不可或缺的防爆电气设备，例如，油浸式变压器要制造成防爆型产品，往往就采用这种防爆型式。

这种防爆型式的电气设备是通过将电气设备内带电元器件浸入保护油中，避免这些元器件暴露在可燃性气体中。为了预防保护油发生分解，设备内的带电元器件不应该产生放电火花、电弧或危险温度，而且保护油应该是绝缘的、不易燃的液体。

由于保护油的液体性质，这种防爆型式通常大多适用于固定式设备或装置。

(1) 保护油

在这种防爆型式中使用的保护油，通常为矿物油（Ⅰ类设备不允许采用矿物油）。保护油，除应该符合相关标准规定的有关矿物油的性能指标外，还应符合按照相应标准测定的下列指标：

① 着火点不得低于 300℃。

② 闪点（闭杯）不得低于 200℃。

③ 运动黏度不得大于 1×10^{-4} m^2/s(25℃)。

④ 电气击穿强度不得低于 27kV。

⑤ 体积电阻不得小于 $1\times10^{12}\Omega\cdot m$(25℃)。

⑥ 凝固点不得高于－30℃。

⑦ 酸度（中和值）最高为（氢氧化钾）0.03 mg/g。

除此之外，保护油不应该对浸入其内的电气元器件和容器外壳造成不良的影响。

(2) 结构

油浸型电气设备的外壳是容纳保护油的重要容器，除必要的功能开口外，必须具有很好的密封性能。这样的结构，既可以防止保护油的泄漏，又可以预防外部的灰尘和潮气进入外壳内。

油浸型外壳，除密封式设备的泄压装置泄压口和非密封式设备的呼吸装置排放口以外，应该至少具有 IP66 的防护等级。对于泄压装置泄压口和呼吸装置排放口，允许采用不低于 IP23 的防护等级。

油浸型外壳还应设置油位指示器，油位指示器应该能够显示最高允许保护油位、在规定的温度条件下制造商允许的填充油位和最低允许保护油位。所谓最高允许保护油位，是指设备在正常运行状态下由于环境温度升高和导电元器件温升而引起保护油发生膨胀所达到的最高油位；所谓最低允许保护油位，是指设备在正常运行状态下由于环境温度降低和导电元器件断电而引起保护油发生收缩所达到的最低油位。这三种油位表示了三种运行工况时的保护油位，缺一不可。

在油位指示器上，油标尺的刻度应该清晰可见，在使用期间不应该磨灭失效。

在油浸型电气设备上，所有用于紧固外壳、油位指示器及相关部件的紧固件，必须使用特殊紧固件，而且还必须有防松措施。

除此之外，油浸型外壳还分为密封式外壳和非密封式外壳。相应的要求如下。

① 密封式外壳

一种是将外壳的盖子连续焊接在外壳的壳体上进行密封，还有一种是使用密封衬垫压紧密封。这些密封式外壳都应设置泄压装置。在外壳内由于温度等原因保护油会挥发出一定数量的油气，这些油气在外壳内积聚后就产生一定的压力，它直接危害着外壳的安全。

泄压装置应保证在保护油的油位处于最高允许保护油位时，油面上部的压力一超过 1.1 倍大气压力，就把外壳内部的过压泄放掉。

② 非密封式外壳

非密封式外壳应该能够很快地把油浸型电气设备正常运行时从保护油上挥发出的油气排出。因而，在这种外壳上应该设置呼吸装置。

因为温度升高保护油膨胀，体积增加，所以，在这种外壳上应该设置油膨胀装置。

此外，对于这种油浸型设备，也允许使用测深尺来检测保护油的油位。

(3) 温度限制

对于油浸型电气设备，保护油表面的温度和设备任何表面的温度都应该加以限制。

保护油表面的温度不应该超过它的闪点值减去 25K 的那个温度值。

保护油表面的温度和设备任何表面的温度都不应该大于设备温度组别规定的温度值。

(4) 油浸深度

油浸深度是指电气设备的带电部件浸入保护油内的深度，是这种防爆型式的一个重要安全指标。一般情况下，带电部件应该浸入最低允许保护油位以下 25 mm。

除此之外，带电部件距离外壳底部和侧部的距离，应该符合相应电压等级下的电气间隙的数值。

二、充砂型电气设备

充砂型电气设备是一种专用防爆型式的电气设备，在工业企业中有一定的特殊用途。这种防爆型式通常用符号“q”表示。

(1) 防爆原理

所谓充砂型防爆型式，是指将电气设备的电气元器件固定在设备外壳内的适当位置，并且用填充材料将这些元器件完全掩埋起来，以防止它们点燃外部的可燃性气体—空气混合物。

充砂型防爆结构并不能防止可燃性气体进入设备内部而被电路所点燃。但是，由于设备内部填充材料的颗粒很小，颗粒之间的空隙很小，所以，即使外部的可燃性气体进入设备内部被点燃，燃烧火焰也会在通过填充材料的空隙时被熄灭，因而不能点燃外部的爆炸性气体环境。这就是这种防爆型式的防爆原理。

充砂型防爆结构不适用于大功率的电气设备。当电气设备的功率较大时，放电火花有可能会影响外壳内填充材料的性质，甚至发生熔融，失去防爆性能。

通常情况下，充砂型电气设备的额定电压不应该超 1 000 V，额定视在功率不应该大于 1 000 V · A，额定电流不应该大于 16 A。而且，充砂型电气设备仅仅适用于固定安装的场合。

(2) 填充材料

由前述我们已经知道，充砂型防爆结构是由填充材料来保证电气设备的防爆安全性能的，所以，选用合适的材料是至关重要的。就目前而言，常常选用纯净的石英砂粒或石英玻璃颗粒作为这种填充材料；颗粒的粒度大小应该在 0.5～1 mm 范围内。

为证实填充材料具有很好的电气绝缘性能，填充材料在填充之后应该进行电气强度试验。

(3) 外壳结构

充砂型电气设备的外壳应具有一定的机械强度。通常情况下，充砂外壳是由薄钢板或塑料材料制成的，因此，必须承受机械冲击试验，而且在进行冲击试验时应该使用高危险级别的冲击能量。此外，充砂外壳还应该承受外壳机械强度的耐久试验。

充砂型电气设备的防护等级至少为国家标准规定的 IP54。当设备使用在清洁、干燥的房间内时，防护等级允许不低于 IP53。

假若充砂型电气设备的防护等级为 IP55 或者更高一级，则这种设备还应该设置呼吸装置。而且，在所配置的呼吸装置中应该放置一些合适的干燥剂，以防止湿气通过呼吸装置进入填充材料中影响绝缘性能。

充砂型电气设备的内装元器件可以是电子电路、传感器、熔断器、继电器、本质安全型设备、关联设备、电气开关等，但是，在这些元器件中所有电容的储能量不应该超过 20 J。干电池和蓄电池在没有采取合适的防护措施时不允许使用在充砂型设备内，因为电解液的泄漏会影响填充材料的绝缘性能。

(4) 填充间距

将带电部件埋入填充材料内一定深度，是保证不发生外部点燃的一项重要的手段。填充间距就是指的这种“深度”，它是带电部件与绝缘部件、带电部件与外壳内面之间通过填充材料的最短距离。这个最短距离不仅考虑正常的工作电压(不超过 1 000 V)，还应考虑到当设备内部发生故障时可能造成内部局部的电压升高，即可能产生的过电压。

(5) 温度限制

在确定充砂型电气设备的温度组别时，不仅要考虑设备外壳的表面温度，还要考虑外壳壁内部填充材料 5 mm 深处的温度。在考虑这些温度时，应该充分估计到可能发生的故障工况对温度造成的影响。

在充砂型电气设备中，应设置限温保护装置，防止设备内部的温度超过规定值。限温保护装置可以用热电偶等感温元件作为传感器，当检测的温度接近规定值时，限温装置发出声光报警，并切断电源；也可以用熔断器作为保护元件，此时，熔体应该密封在玻璃或陶瓷制成的外壳内。

(6) 预期短路电流

充砂型电气设备的供电电压不超过 250 V 时，它的预期短路电流不应该大于 1 500 A。但是，在高压的情况下，这个预期短路电流可能会大于 1 500 A。

在充砂型电气设备的电路中，可以设置一个限流环节，例如使用电阻器作为限流环节。此时，电阻器的额定值应该为：

额定电流：$1.5\times1.7\times I_n$。

额定功率：$1.5\times(1.7I_n)^2R$。

施加的最大电压：U_m。

式中：I_n——熔断器熔断体的额定电流，A；

R——限流环节电阻器的电阻值，Ω；

U_m——设备的最高电压，V。

三、特殊型电气设备

特殊型电气设备，通常用符号“s”表示，是一种不能够用标准的防爆型式表征的特殊防爆型式的电气设备。

在工业和日常生活中使用着各种各样的电气设备或电气装置。由于功能的不同，这些设备或装置在结构上是千差万别的。有时候在有些场合往往不能找到一种合适的防爆型式来进行防爆处理，然而，使用环境又要求必须采取防爆技术措施。这样，就要根据燃烧与爆炸条件提供一种具有“特殊”的防爆结构的电气设备，既满足用电的要求，又不能够成为可燃气体的点燃源。

特殊型防爆型式没有一个采取安全措施和安全要求的固定模式。

特殊型电气设备所具有的安全措施和安全要求，同其他防爆型式的电气设备一样，必须经过防爆电气产品检验机构进行试验认可。

特殊型电气设备在工业中的实际应用并不十分广泛，但是，它又是一种不可缺少的防爆型式的电气设备。下面仅以铅酸蓄电池为例，介绍它的“特殊”防爆技术。

(1) 铅酸蓄电池的固有特性

铅酸蓄电池是一种电化学电源，它是由正、负极板和电解液组成的。

在铅酸蓄电池中，极板是用活性物质铅（Pb）和铅的二氧化物（PbO_2）制作的；电解液是硫酸的水溶液，是很好的导电物质。铅酸蓄电池在充、放电时将发生电化学反应。理论上，铅酸蓄电池在充电的电化学反应中会释放出氢气，在放电的电化学反应中不会释放出氢气。但是，在实际使用过程中由于各种实际因素的影响，放电反应也会释放出少量的氢气。

铅酸蓄电池的这些特性，如按照传统的防爆型式来制造防爆型蓄电池时将会遇到麻烦和困难。然而，根据燃烧与爆炸三角形原理，只要限制了任何一个条件就可以避免发生燃烧爆炸。对于铅酸蓄电池来说，只要保证它不产生放电火花，不出现危险温度，就可以保证它不能成为可燃性气体的点燃源。

事实上，在正常运行状态下，铅酸蓄电池不可能发生漏电，也不可能出现放电火花或者危险温度。但是，在非正常运行状态和其他的异常情况下，例如，因蓄电池槽破裂导致电解液渗漏，从而发生漏电；连接导线断裂引起放电火花；极柱连接接触电阻增加引起温度升高等。因而，人们在设计铅酸蓄电池结构时采取一些特殊的加强措施，就可以消除它发生严重漏电、出现断裂放电火花或产生危险温度的可能性。这就是把铅酸蓄电池制成“特殊型”防爆型式的原则依据。在安全水平上，所有采取的安全措施和安全要求都是二重化的。概率论告诉我们，“二重化”可以把故障概率由“单一化”的 10^{-n} 降低到 10^{-2n}。因而，按照这种安全水平界定的特殊型防爆型式，允许使用在爆炸性危险场所中的 1 区。

(2) 安全措施和安全要求

为了防止铅酸蓄电池点燃可燃性气体－空气混合物，根据铅酸蓄电池的固有特性并按照上述铅酸蓄电池可能的点燃途径和安全技术原则，我们将铅酸蓄电池组装成组，称作电源装置，并对组成电源装置的各部分（单体蓄电池、蓄电池箱、连接导体、接线盒和整体组装结构)采取一些安全措施以满足安全要求。

a) 单体蓄电池

① 防止电解液泄漏

在电源装置中,蓄电池电解液的渗漏会导致极柱之间发生漏电,造成电池组内部正、负极间短路。这是十分严重的潜在危险。为此,应该采取以下措施:

增强蓄电池槽的强度,提高它的耐冲击能力,使它不能因外力作用而出现破裂、渗漏电解液。

很好地密封蓄电池的封口,不能因封口不严而使电解液外溢。

将蓄电池盖上极柱的绝缘凸台增高一些,高度大于 10 mm。试验证明凸台的高度大于 10 mm,对阻断漏电通路十分有效。

② 防止极柱连接断裂

在电源装置中,蓄电池之间的电气连接是非常重要的,如果这种连接出现断裂,就会产生电气放电火花。

人们在设计这种蓄电池时,应该施行二重化的连接措施,即每个蓄电池都设两个正极柱和两个负极柱,在组成蓄电池组时进行“双线”连接,而且每一个“单线”都能够单独地承受电路中的电流。

b) 蓄电池箱

蓄电池箱就是组装蓄电池组用的箱式外壳,由箱体和箱盖组成。蓄电池箱应具有足够的机械强度,能够承受蓄电池组的重量而不发生变形,有良好的绝缘性能,能够防止在蓄电池组出现漏电时自身带电。

通常情况下,蓄电池箱可以采用钢板焊接制成。钢质的箱体和箱盖制成后,应采用静电喷塑的方法或粘贴橡胶板(进行硫化)的方法对它进行绝缘处理。

除此之外,蓄电池箱还应考虑到,其结构要有利于蓄电池组产生的“电池气”(主要是氢气和酸雾)的散发,故在蓄电池箱上有通气孔,而且箱盖与水平方向有一定的倾斜度,组装蓄电池组的蓄电池之间留有垂直方向上的通气道等。当然,这些通气孔也要满足防护要求。

c) 连接导线

在电源装置中,铅酸蓄电池之间的连接,可以使用铅锑合金连接条,也可以使用连接导线,在实际应用上,铅酸蓄电池之间的连接通常采用连接导线(铜芯橡套电缆)。这种特制导线的电缆芯线与铅锑合金接头的铸接必须牢固可靠。铸接后铸接处还应进行压合和密封处理。

d) 电源装置

将铅酸蓄电池组作为一个整体(电源装置)来进行特殊的防爆技术处理时,除电源装置的各个组成部分外,还应对组装起来的电源装置采用必要的防爆技术措施,这一点也是十分重要的。

① 插接装置(或接线盒)

在电源装置上,应设置一个插接装置(或接线盒)。蓄电池组对外供电或由外部电源进行充电,都应该通过这个插接装置(或接线盒)进行。插接装置(或接线盒)应满足隔爆型防爆型式的要求。

② 绝缘性能

对于电源装置来讲，蓄电池组漏电的严重后果可能会引发火灾，甚至出现后续的爆炸灾害。

试验室试验已经发现，当铅酸蓄电池组的串联电压为 6 V 时，覆盖在蓄电池组上的湿煤粉（由电解液调湿）在 10 min 时开始发烟，15 min 时开始发红出现焖燃。显然，这是由于严重的漏电造成的。

电源装置的绝缘性能是由铅酸蓄电池本身的绝缘和蓄电池箱的绝缘来确定的，这里采取了二重化保护措施。

通常认为，蓄电池组对蓄电池箱（金属箱体）的绝缘电阻不应该小于：

当额定电压为 60 V 及以下时，10 kΩ；

当额定电压为 60～110 V 时，15 kΩ；

当额定电压为 110～175 V 时，20 kΩ；

当额定电压为 175～275 V 时，25 kΩ。

③ 双线制连接

电源装置中，蓄电池之间的电气连接应该牢固可靠。实际上，通常使用特制的连接导线进行双线制连接，即蓄电池的双极柱都用这种连接导线连接起来。

在进行这种连接时，操作人员应该采用焊接的方法，将连接导线与极柱焊接在一起，而不是采用传统的螺纹式连接方法。因为，螺纹式连接具有较大的接触电阻，很容易在连接处出现高温甚至烧坏连接结构；使用焊接方法连接时，连接导线的铅锑合金接头和蓄电池的极柱是同一种材质，熔焊后连接处的接触电阻很小，因而，即使流经大电流也不会造成过热。

从以上分析可以看出，对铅酸蓄电池组采取的这些安全技术措施，既能防止因蓄电池之间的电气连接断裂产生放电火花，防止极柱连接的接触电阻过大产生危险温度，又能防止极柱之间、极柱与“地”之间产生严重漏电，因而，是可以保证铅酸蓄电池组具有足够的防爆安全性能的。

(3) 特殊型防爆蓄电池组的报废与更换

铅酸蓄电池是一种使用寿命不太长的产品，通常情况下，使用寿命在 750 个充电—放电循环。因而，在运行过程中，人们应该随时关注这种蓄电池的运行工况，如发现异常，就应及时进行检查并予以处理。

在已经报废的蓄电池组（电源装置）中，假若蓄电池箱不符合“蓄电池箱的报废”规定，可以使用这种蓄电池箱来重新组装蓄电池组，使其成为新的蓄电池组（电源装置）。

在重新组装蓄电池时，操作人员应该选用原制造商的产品（蓄电池和连接导线），在主管工程师的指导下工作。

更新组装后的蓄电池组（电源装置）应该进行“极柱焊接电阻的测定”和“蓄电池组（电源装置）绝缘电阻的检测”两项检验。重新组装后的蓄电池组（电源装置）的防爆安全性能，由重新组装单位负责。

第七节　复合型和组合型防爆电气设备

一、复合型防爆电气设备

在前面的相关各节中，我们主要介绍了由一种防爆型式构成的防爆电气设备（装置）。

然而，在实际应用中，有时候却需要使用几种防爆型式来组成一种防爆电气设备。由几种相适应的防爆型式构成的一种防爆电气设备，我们称之为复合型防爆电气设备。

有一些特殊的电气设备，由于它的结构比较复杂，常常使用一种防爆型式不能够满足防爆安全性能的要求，而且，在制作工艺上也较难实现，所以，人们就采用几种相适应的防爆型式来制作这种防爆电气设备。

复合型防爆电气设备是指在电气设备上采用几种防爆型式复合在一起，构成复合型防爆型式的电气设备。这样的"复合"可能形式是多种多样的。所以，按照复合的形式，这种复合可以被分为包容性复合和非包容性复合。

所谓包容性复合，就是一种防爆型式将另一种防爆型式完全涵盖起来，每一种防爆型式各自独立地保证各自的防爆安全性能。在这种复合中，当一种防爆型式失效后另一种防爆型式仍然起作用。因而，这种复合的故障概率就降低到 10^{-mn}（10^{-n}—故障概率，而且，假定所采用的防爆型式的故障概率是一样的；m—采用的防爆型式的种数）。

所谓非包容性复合，就是一种防爆型式与另一种防爆型式相互之间没有影响，各自独立地保证各自的防爆安全性能。在这种复合中，当任一种防爆型式失效后设备便失去防爆安全性能。因而，这种复合的故障概率没有降低。

在复合型防爆电气设备中所采用的防爆型式应该是相互适应的，就是说这些防爆型式的安全水平是等当的。尤其是在非包容性复合中，若采用不同安全水平的防爆型式进行复合时，复合后的安全水平就由低一级的安全水平来确定。这一点应予以注意。

由非包容性复合构成的复合型防爆电气设备，在实际应用中已有多种，而且结构相对比较简单，例如，设备主体为隔爆型而接线盒为增安型的复合型设备等。

这里还需指出的是，不管是包容性复合还是非包容性复合，在这种复合中，所有防爆型式都必须符合各自防爆型式的专门规定和要求。

下面主要介绍由包容性复合构成的使用于0区的复合型防爆电气设备。

(1) 包容性复合的原则

当采用包容性复合来构成使用于0区的复合型防爆电气设备时：

① 由两种适用于1区的防爆型式进行包容性复合。此时，当一种防爆型式失效后第二种防爆型式仍然保持防爆安全性能。

② 由两种外壳进行包容性复合时，一种外壳应该将另一种外壳完全包围起来。

③ 两种防爆型式都具有同样的参数，在包容性复合中应该采用最严格的那个数值。

④ 由两种防爆型式进行包容性复合时，应用具有最严格故障条件的那种防爆型式进行故障评定。

⑤ 在包容性复合中应单独地对每一个防爆型式进行试验。

当复合型防爆电气设备符合上述的所有包容性复合原则时，它便可以和"mi"级本质安全型设备、"ma"级浇封型设备一样，适用于0区安装和运行。

(2) 由包容性复合构成0区用电气设备的示例

当用包容性复合原则来构成0区用防爆电气设备时，并不是说所有的防爆型式都可以任意地复合在一起，而只仅仅是那些适于复合的防爆型式才可以按顺序复合在一起。下面介绍几种较好的复合形式。

① 隔爆外壳式复合

就是在这种复合中另一种或两种防爆型式完全放置在隔爆外壳中，当这些被包围的防爆型式失效时，隔爆外壳仍然能够保持设备的防爆安全性能。这样的复合形式有：

"d"隔爆外壳＋"ib"级本质安全型。此时，"ib"级本质安全型设备、电路应完全放置在隔爆外壳内。

"d"隔爆外壳＋"e"增安型＋"ib"级本质安全型。这种复合仅限于具有"e"增安型玻璃灯泡、"ib"级本质安全型开关的灯具放置在隔爆外壳内的情况。在这种复合中，"e"增安型和"ib"级本质安全型二者是非包容性复合；它们与隔爆外壳是包容性复合。

"d"隔爆外壳＋"mb"级浇封型。在这种复合中，"mb"级浇封型设备或电路完全被浇封在或放置在隔爆外壳中。

② 正压外壳式复合

正压外壳式复合，即"px"级正压外壳＋"e"增安型，是一种将"e"增安型设备完全放置在"px"级正压外壳内的复合形式。在这种复合中，当"e"增安型失效时，"px"级正压外壳仍然能够可靠地进行保护。

③ 浇封式复合

浇封式复合，即"mb"级浇封型＋"ib"级本质安全型，是一种将"ib"级本质安全型设备、电路按照"mb"级浇封型的要求浇封起来的复合形式。在这种复合中，当"ib"本质安全型失效时，"mb"级浇封型仍然能够可靠地进行保护。

④ 充砂式复合

充砂式复合，即"q"充砂型＋"ib"级本质安全型，是一种将"ib"级本质安全型设备、电路按照"q"充砂型的要求进行保护的复合形式。在这种复合中，当"ib"本质安全型失效时，"q"充砂型仍然能够可靠地进行保护。

在上述的复合中，"e"增安型是指符合国家标准《爆炸性气体环境用电气设备　第 15 部分：危险场所电气安装（煤矿除外）》(GB3836.15—2000)中指出的那些设备类型。

除上述的包容性复合形式外，有一些防爆型式不适宜进行这种复合，例如，"d"隔爆外壳＋"q"充砂型，两种防爆型式都是与熄灭火焰传播的通道有关；有一些防爆型式不允许进行这种复合，例如，"o"油浸型＋"q"充砂型，两种防爆型式是相互渗透的。

(3) 检查与试验的一般原则

复合型防爆电气设备，不管是包容性复合还是非包容性复合，不管是适用于 0 区的设备，还是适用于其他危险区域的设备，在检查和试验时，都应该分别单独地承受相应的防爆型式必须进行的检查和试验。

二、组合型防爆电气设备

在爆炸性气体环境中使用着大量的各种各样的防爆电气设备，有简单的单一型设备，也有复杂的组合型设备；所谓"单一"，是指这种设备为完成某一功能所需的执行机构单一，所谓"组合"，是指这种设备为完成某一功能所需的执行机构多，几种机构配合在一起才能完成。

随着现代工业技术的日益复杂和现代化水平的迅速提高，在爆炸性气体环境中使用复杂的组合型防爆电气设备（装置）的品种和数量也日益增多。例如，防爆型工业运输设备、防爆型除湿装置、防爆型起重设备、防爆型空气调节机等组合型防爆电气设备已经大量地运行在爆炸性危险场所中。

为了确保这样的组合型防爆电气设备的防爆安全性能，正确和合理地设计、安装、维修、使用组合型防爆电气设备是至关重要的。

“组合型防爆电气设备(装置)”的定义为：

这是一种具有某一防爆安全水平、由同一种防爆型式或不同种防爆型式的防爆电气单元组装在一起，完成某种功能的防爆电气设备(装置)。

从这个定义可以看出，组合型防爆电气设备的防爆安全性能主要是由各个防爆电气单元以及组装后各部件的电气和机械的连接、外壳防护等安全措施来保证的。因而，这种类型的电气设备防爆结构，同简单的单一型防爆电气设备(如隔爆型电动机、增安型荧光灯等)防爆结构有很多的不同之处。

(1) 组合型防爆电气设备的一般原则

必须保证组合型防爆电气设备在爆炸性危险场所中运行时，不能成为可燃性气体—空气混合物的点燃源，其安全性能必须适应爆炸性危险场所的“危险性能”。在技术上应采取相应的安全措施，使组合的各单元达到统一的防爆安全水平，以实现组合型防爆电气设备的综合防爆安全性能。

根据防爆安全水平选择防爆电气单元，其中包括：

① 根据区域选择防爆电气单元的防爆型式。

② 根据温度组别和(或)防爆级别选择防爆电气温度的组别和(或)防爆级别。

③ 所选用的防爆电气单元必须是经过国家指定的防爆电气产品检验机构检测合格，并取得“防爆合格证”的产品。防爆合格证代表着那个被检验的产品已经具有防爆安全性能。未取得防爆合格证的产品，尽管它的性能指标符合要求，也是万万不可以选用的。

④ 应该配置一个适当防护等级(IP 防护)的外壳。

⑤ 对于电气设备来说，接地主要是为了防止当电气绝缘被破坏时设备外壳带电而伤害人体或继发其他后续事故，对于防爆电气设备来说，保护性接地还可以防止由于外壳带电可能引起的点燃危险。在组合型防爆电气设备中，防爆电气单元假若同安装的结构件保持“金属”接触，则可以不必单独地设置外接地连接。但是，所有的防爆电气单元的内接地系统必须连接完整。

⑥ 电位平衡也是十分重要的，在组合型防爆电气设备中，所有的金属部件都必须处于同一电位上。要求电位平衡的道理很简单，那就是消除因电位不平衡造成的电位差可能引起的点燃危险。

(2) 制作和安装的要点

在组合型防爆电气设备安装时，电线电缆的选择与安装十分重要，因为在设计时电线电缆的敷设很难定位，往往需要制作人员根据施工现场来确定。注意事项主要有：

电线电缆的选择应该符合国家标准规定，在组合型防爆电气设备中，除使用电缆外，制作人员还可以使用无护套的绝缘电线来进行各个防爆电气单元之间的电气连接。

电线电缆应该通过电缆引入装置进入防爆电气单元内部。当电缆经过密封圈式电缆引入装置时，电缆的外径应该与电缆引入装置中密封圈的内径很好匹配。这种匹配在设计合理的情况下很容易实现，然而，有时则需要制作人员认真选择密封圈的同心圆才能达到这种匹配。

在安装时，制作人员还应该注意不要将垫圈卡在连通节的退刀槽中。“垫圈卡在退刀槽中”往往不被人注意，然而却潜藏着很大的危险性。对于隔爆型电气单元来说，这一点十分重要。这种匹配直接影响着此处的隔爆安全性能。

当采用浇封式电缆引入装置时，制作人员应该在引入装置中直接浇封电线或电缆的芯线。

在接线时，电缆(电线)芯线应该通过下列方式连接：

芯线压接“0”型接线头后套在接线柱上用螺母压紧，不得使用“U”形接线头。

芯线盘圈搪锡后套在接线柱上用螺母压紧，不得直接用螺钉压紧芯线。

芯线盘圈后通过弓形垫圈套在接线柱上用螺母压紧。

不管采用哪种接线方式，都必须有防松措施。

还应该注意的是，在接线时，制作人员应该注意调整好爬电距离和电气间隙，使之符合施工图的要求。

电线电缆的敷设应避开热表面和运动部件，而且捆扎固定牢固。在相连的防爆电气单元之间，电线电缆不得有中间接头，当不可避免时，接头应该在符合相应防爆型式的接线盒内进行连接。

三、典型的组合型防爆电气设备——防爆型蓄电池式工业车辆

在蓄电池式工业车辆上，电气系统是一个小型的有限网络，不仅有独立的电源，而且使用着多种用电器，例如，电动机、控制开关、信号指示灯和照明灯具。此外，由于车辆的活动性，可能的碰撞和摩擦将会导致产生机械火花和产生静电积累。

根据爆炸性危险场所的分区和工业现场的情况，防爆型蓄电池式工业车辆应该具有适应于爆炸性危险场所中的1区(或2区)和这些区域中存在的ⅡA级、ⅡB级和ⅡC级、T1～T6组可燃性气体的综合安全水平(防爆安全水平)。

这种防爆型式的工业车辆可以运行于爆炸性危险场所中的1区和2区，作为短途运输工具。其防爆结构和安全要求如下。

(1) 电气单元

在防爆型蓄电池式工业车辆上采用的防爆电气单元，可以是除“n”型防爆型式以外的其他所有防爆型式的电气设备，例如，本质安全型“i”、隔爆型“d”、增安型“e”(部分)、浇封型“m”。

在这些车辆上使用的电源是一种允许运行于爆炸性危险场所中1区的特殊型防爆蓄电池组。

(2) 电缆及安装

在防爆型蓄电池式工业车辆上，应该采用绝缘铜芯软电缆。电缆的载流量应该保证，在通过车辆上相关电气设备的额定电流时产生的温度不能高于温度组别的温度值或绝缘材料的允许温度值。电缆应该能够承受至少500 V(工频)试验电压的耐电压试验。

电缆在车辆上的安装位置应该避开高温部件和运动部件，应该牢固可靠，不得在车辆运行过程中发生松动和摆动。

(3) 电气保护

既然蓄电池式工业车辆的电气系统是一个小型的电气网络，这个系统中就要设置电气保护环节。

在防爆型蓄电池式工业车辆的电气回路中，应该设置过电流保护环节，防止过大的电流对蓄电池组造成损坏，并引起不允许的危险温度。

通常情况下，过电流保护装置的整定值应该能有效地切断车辆在标准设计载荷状态下，在设计坡道上启动时，启动电流的1.1倍值。熔断器作为过载保护，在这里不认为是过电流保护。

(4) 电气绝缘线

在防爆型蓄电池式工业车辆上，所有的防爆电气单元(带电部件)及电气连接都必须同车体的金属构件保持良好的绝缘，即使是本质安全型电路也不允许与车体连接。

操作人员应该定期地检查车辆的绝缘电阻。在正常的运行环境条件下，这个电阻值不应该小于0.5MΩ。

(5) 传动/制动系统

在防爆型蓄电池式工业车辆的传动/制动系统中，所有的部件都应该运转灵活，润滑良好。假若在传动系统中使用离合器的话，则离合器应该符合下列任一要求：

液压离合器、变矩器、静压传动和油冷却离合器应该符合温度组别的规定。

机械离合器应该符合温度组别的规定，还应该防止在正常运行时摩擦和碰撞产生机械火花。

摩擦离合器应该放置在润滑液中，或者用隔爆外壳保护起来。

在制动系统中，制动器应该符合下列任一要求：

制动器应该放置在润滑液中，或者用隔爆外壳保护起来。

制动器应该使用非金属材料和铸铁，或者非金属材料和与铸铁具有同等摩擦性能的材料来制作摩擦副。这里需要注意的是，非金属化合物中包含的金属含量不应该超过40%，金属颗粒或细丝的尺寸特征值不应该超过500 μm。

当制动器的表面温度可能会超过温度组别的温度值时，应该配置温度监控装置。温度监控装置在检测到温度低于温度组别温度值10 K时就应该动作，停止车辆继续运行。液压系统的温度不应该超过相应温度组别的温度值。

(6) 静电

在防爆型蓄电池式工业车辆上，通常情况下可能产生并积累静电电荷的部件有轮胎、塑料材料制作的坐椅和方向盘，以及用塑料或橡胶材料制作的其他辅助部件。

试验研究指出，普通型蓄电池式工业车辆在沙石路面上以额定速度运行时，会在它的轮胎上产生2.7 kV的静电电压，而且这种静电电荷是负极性的。实验室实验表明，轮胎上静电电荷的分布是不均匀的。

为了防止静电电荷的产生和积累，必须在防爆型蓄电池式工业车辆上采用一些防静电措施。

① 轮胎：轮胎应该是抗静电型轮胎。在制造轮胎的橡胶材料中添加适当的导电剂，就可以达到抗静电的效果。制造抗静电轮胎的材料在规定的测试条件下测得的表面电阻不应该超过10^9 Ω(相对湿度为50%)或者10^{11} Ω(相对湿度为30%)。

② 塑料或橡胶材料

在防爆型蓄电池式工业车辆上使用的塑料或橡胶材料，当它们在车辆的正常运行过程中可能被摩擦时，应该符合下列的任一规定和要求：

在规定的测试条件下测得的表面电阻不应该超过10^9 Ω(相对湿度为50%)或者10^{11} Ω

(相对湿度为30%)。

表面积不应该超过100 cm^2(ⅡA和ⅡB级)或20 cm^2(ⅡC级)。

对于内嵌金属件的塑料材料或橡胶材料,按照国家标准中规定的方法试验时测得的介电强度击穿电压不应大于4 kV。

(7) 电位平衡

在防爆型蓄电池式工业车辆上所有面积大于100 cm^2 的金属部件都必须连接到车架上,以保持车辆上所有部件的电位平衡。假若这些部件之间保持着"金属"接触,可以不再专门用导体桥接起来。

(8) 机械火花

在正常的运行条件下,防爆型蓄电池式工业车辆上可能同外部发生摩擦和碰撞的部分,都应该用在摩擦和碰撞时不产生机械火花的材料包覆起来。

例如,铜、铜锌合金、铜铍合金、不锈钢等材料都可以用来防止产生机械火花。在叉车上人们就可以用黄铜或不锈钢将货叉包覆起来。

假若使用非金属材料(例如,塑料或者橡胶)来防止机械火花时,应该考虑它们的抗静电性能。有时候,人们常常用橡胶板铺垫在搬运车的载货平台上,防止货物与平台发生碰撞和摩擦。当然人们也可以使用摩擦和碰撞时不产生火花的金属板进行这样的保护。

在防爆型蓄电池式工业车辆上的旋转部件同相邻部件之间应该保持足够的间距。

(9) 温度限制

不管是什么样的防爆电气设备,温度限制都是一个重要的安全指标。对于防爆型蓄电池式工业车辆来说,用于确定它的温度组别的温度很多,例如,制动器中摩擦片的制动温度,电动机的表面温度等。车辆上所有发热部分的温度都不应该超过它的温度组别的温度值。

上述内容虽然简单地介绍了组合型防爆电气设备,但这些内容对防爆电气作业人员进行防爆电气的安装、维护有很大的参考价值。

第五章 “n”型电气设备

第一节 “n”型电气设备的类型

“n”型防爆型式，相对其他的防爆型式，具有相对的独立性。也就是说，“n”型防爆电气设备是对普通工业电气设备安全性能的补充和提高，不必完全符合防爆电气设备的通用要求，所达到的保护水平也不应该被认为等同于其他防爆型式所达到的防爆安全水平。

这种防爆型式的电气设备，根据结构的不同，又可以分为不同的保护类型：

无火花型设备或组件：这种类型的保护方法是，在正常运行时不产生火花、电弧或危险温度的普通工业设备上采取一些适当的技术措施，使其更难以成为可燃性气体混合物的点燃源，这种防爆型式用符号“nA”表示。

有火花型装置或元件：这种类型的保护方法是，在设备结构上采取一些特殊措施，能够将设备正常运行时产生的火花、电弧或危险温度引起可燃性气体混合物发生点燃的危险性降低到最小，这种防爆型式用符号“nC”表示。

限制能量型设备：这种类型的保护方法是，通过限制能量，使设备电路和元器件在规定的试验条件下所产生的火花或温度都不能点燃可燃性气体混合物，这种防爆型式用符号“nL”表示。

自保护限制能量型设备：这种类型的保护方法是，在设备内同时包含限能火花触点及相应的电路（包括限能元器件），以及对电路供电的无火花型非限能电源，这种防爆型式用符号“nA nL”表示。

限制呼吸外壳型设备：这种类型的保护方法是，使用一种密封外壳限制它外部的可燃性气体、蒸气或薄雾随着电气装置内部热胀冷缩引起的“呼吸”作用进入外壳内的保护方法，这种防爆型式用符号“nR”表示。

由上所述可以看出，“n”型防爆型式的保护方法是十分庞杂的，而且分类很细。因而，无法概括出这种防爆型式的所谓“防爆原理”。但是，可以这样讲，所有采取的这些保护方法都是在破坏“燃烧与爆炸的充分必要条件”，所以，这些保护形式就可以“防爆”了。

第二节 “n”型电气设备的通用防爆结构和安全要求

“n”型电气设备在正常运行工况和规定的异常情况下运行时不应该产生操作火花、电弧或危险温度，即使产生了火花、电弧或危险温度，在自身的保护措施作用下也不能够点燃它周围的爆炸性气体环境。

这种防爆型式适用于Ⅱ类防爆电气设备。对于某些保护类型，按照试验，还可以分ⅡA级、ⅡB级和ⅡC级三个防爆级别。

(1) 外壳防护等级

“n”型电气设备的外壳应该具有相应的防护等级，以防止固体异物、粉尘以及液体进入内部，影响电气设备的正常运行，甚至酿成事故。

内装裸露带电零部件的外壳的防护等级不应该低于 IP54；内装绝缘带电零部件的外壳的防护等级不应该低于 IP44。

假若设备安装和使用在干净清洁、无液体侵害的场所内，防护等级可以为：对于内装裸露带电零部件的外壳，IP4X；对于内装绝缘带电零部件的外壳，IP2X。

对于那些只有通过设备安装才能保证外壳的防护等级的设备，应由检验人员在设备安装后再检查一次防护等级。

对于那些依靠衬垫来保持防护等级的设备，衬垫被黏结在耦合面的一个不可拆卸的零件的接合面上。而且，衬垫材料自身不会因为接合面的压紧或老化而粘连在另一接合面上。

(2) 外壳材料

"n"型电气设备外壳的制作材料没有什么特殊之处，都是采用普通工业电气设备的制作材料。只是不管采用什么材料，"n"型电气设备的外壳都要承受相应的冲击试验，以检验外壳材料的性能和外壳的机械强度。

如果塑料外壳的电气设备是非固定式设备或者有可能被摩擦、揩拭的固定式设备，塑料外壳还应具有防静电性能。在塑料中添加适当的导电剂即可以降低它的表面电阻和体电阻。

如外壳无法避免一些特殊结构时，这种设备用围栏设置，以避免他物的碰撞和摩擦；或者设置警告语，例如，"清洁时用湿布擦拭！"。

假若"n"型电气设备塑料外壳的面积不大于 100 cm^2，可以不考虑它的静电问题。

(3) 电气连接

在"n"型电气设备与电源或其他外部电路连接时，外部电缆可以在接线盒内与设备的接线端子连接，也可以直接在设备外壳内与相应的接线端子连接。但是，为了保持电缆进入外壳处的防护等级，无论如何外部电缆通过外壳壁时必须要经过电缆引入环节进入外壳内，例如，普通工业用电缆引入装置，防爆电气设备用电缆引入装置等。

当"n"型电气设备的额定电压超过 750 V 时，电缆引入装置应该采用浇封式电缆密封盒。这种密封盒的结构应该保证在裸露导体进入密封胶时的爬电距离和间距符合表 5－1 所示数据。

表 5－1　在浇封式电缆密封盒中的间距

额定电压/V	爬电距离/mm		间距/mm	
	相与相之间	相与地之间	相与相之间	相与地之间
$750<U\leqslant 1\,100$	19	19	12.5	12.5
$1\,100<U\leqslant 3\,300$	37.5	25	19	12.5
$3\,300<U\leqslant 6\,600$	63	31.5	25	19
$6\,600<U\leqslant 11\,000$	90	45	37.5	25
$11\,000<U\leqslant 13\,800$	110	55	45	31.5
$13\,800<U\leqslant 15\,000$	120	60	50	35

此外，电缆在进入引入装置时还应该用相应的固定方法固定起来，尤其是那些移动式设备，必须固定牢固。

外部电缆与设备接线端子的连接，设备内部导线的连接（内部导线不允许有中间接头）

都必须牢固可靠。接线时，人们应该使用“O”形接线头与接线螺栓进行连接，或使用其他等效的方法连接，不要使用“U”形接线头或插入—压紧式连接，同时，还应该调整电气间隙和爬电距离，保证符合相应的要求，即使在设计时已经符合相应要求的情况下。

“n”型电气设备应该设置内接地或等电位系统。这种保护系统，一方面能够防止设备发生故障时外壳带电，另一方面能够防止杂散磁场在外壳和支撑结构中引起环流；这些都是可能产生放电火花的潜在因素。

接地保护线的最小截面积如表 5－2 所示。

表 5－2 接地线的最小截面积

每相导线的截面积 S/mm^2	接地线的截面积$/mm^2$
$S\leqslant16$	S
$16<S\leqslant35$	16
$35<S$	$0.5S$

“n”型电气设备应该设置外接地系统，并保证这种系统的接线端子能够与截面积至少为 4 mm^2 的导线可靠连接。

(4) 温度限制

“n”型电气设备的运行环境温度为－20～＋40℃。

“n”型电气设备和其他防爆电气设备一样，也要按照它的最高表面温度(包括可能接触爆炸性气体混合物的任何内部表面)来划分温度组别。

但是，对于“nC”有火花型装置或元件，以及“nR”限制呼吸外壳型设备，它们外壳内的元器件的表面温度允许不符合温度组别的要求。另外，还有一些符合相关要求的小元件的表面温度也可以不符合温度组别的要求。

(5) 电气强度

电气强度主要是电气间隙、爬电距离和绝缘电气强度。

在“n”型电气设备中，使用的绝缘材料按照相比漏电起痕指数(CTI)可以分为四个级别：Ⅰ、Ⅱ、Ⅲa、Ⅲb。

从相关规范中的数据表中，可以根据“n”电气设备的工作电压，查出最小电气间隙和最小爬电距离。最小爬电距离是根据绝缘材料的级别确定的，也就是对应绝缘材料的四个级别，每一个工作电压有四个最小爬电距离。最小电气间隙是根据间隙的状况，即：在空气中、被涂层密封、被浇封或在固体绝缘材料中分为三个间距。

“n”型电气设备，同其他工业电气设备一样，应该具有一定的绝缘电气强度。在“n”型电气设备中，电气回路不应该直接同设备的金属壳体或金属支架相连接。因而，在导电部件与设备支架(地)之间，导电部件之间，应该具有良好的绝缘性能，所谓“良好”，就是要按有关规定，经测试合格。

第三节 “nA”型无火花型旋转电机

对于高压或大容量“nA”型无火花型交流电动机，有时还要细分为 3 个防爆级别：ⅡA级、ⅡB级和ⅡC级。

"nA"型旋转电机，除了应该符合国家标准相关要求和"n"型电气设备的通用防爆结构要求外，还具有专用结构和特殊要求：

(1) 接线盒

"nA"型旋转电机应该设置接线盒。馈电电缆在接线盒内连接后向电机供电，当电缆在接线盒内连接后，电气间隙和爬电距离应按"n"型电气设备的要求确定。

接线盒的防护等级不应低于 IP54。

此外，对于额定电压低于 1 000 V 的电机，当它的防护等级在 IP44 及以上时，允许接线盒空腔和电机内部直接连通，否则应该采取隔离措施。

(2) 通风系统

在"nA"型旋转电机中，由转轴驱动的自冷式风扇应该有风扇罩保护；风扇罩上通风孔的防护等级不应该低于：进风端——IP20，排风端——IP10。立式旋转电机还应该能够防止外物垂直落入通风孔内。

在正常工作状态下，风扇、风扇罩和通风挡板以及它们的紧固零件之间的最小距离，至少为风扇最大直径的 1/100，假若没有特殊要求，也不必大于 5 mm；当相关零件的机械加工能够保证加工尺寸具有足够的精度和稳定性，这个最小距离允许减小到 1 mm。

当采用塑料材料制造风扇和风扇罩时，假若风扇的线速度大于 50 m/s，则应按照有关规定测量它们的绝缘电阻，电阻值不应该超过 1 MΩ；当采用轻合金材料制造风扇和风扇罩时，轻合金的成分应符合第三章第二节的相关要求。

(3) 中性点

当中性点不是用作连接交流电源，而且设置在电机内部时，中性点应该完全处于绝缘状态并考虑电气间隙和爬电距离。

如果旋转电机不是由接地的电网供电，而且防护等级又为 IP44 或更高级别时，可以不符合上述的规定。

(4) 轴承和轴的密封

轴承和轴的密封可以分为两种情况：非摩擦密封和摩擦密封。当采用非摩擦密封和曲路密封时，对于滚动轴承，固定部分和旋转部分之间的最小径向间隙或最小轴向间隙不应该小于 0.05 mm。对于滑动轴承，这个间隙不应该小于 0.1 mm。当采用摩擦密封时，这种密封应该配置很好的润滑，或者密封零件用低摩擦系数(例如，聚四氟乙烯)的材料制作。

此外，当采用摩擦密封时，应考核此处的温度。这里的温度不应该超过相应的温度组别的温度值。

(5) 转子鼠笼

对于笼型转子的电动机来说，转子鼠笼的结构有两种形式：铜条型鼠笼和铸铝型鼠笼。

当采用铜条型鼠笼时，组成鼠笼的导条和端环之间的连接是十分重要的，一定要保证在电机正常运行过程中不得断裂产生电弧和火花。导条和端环可以采用铜焊或熔焊的方法进行连接，而且，还应该采用机械冲压法使导条在槽中胀紧。导条在槽中固定牢固了，就可以防止在电机运行过程中导条在槽中发生松动而产生电气火花。

当采用铸铝型鼠笼时，应该采用压铸或离心浇铸的方法使转子槽中完全密实地充满铝。

(6) 表面温度

在"nA"型旋转电机正常运行状态下，它与可燃性气体接触的任何表面(包括外部表面和内部表面)的温度都不应该超过相应的温度组别的温度值。

第四节 “nA”型无火花型照明灯具

“nA”型照明灯具中不允许使用有游离金属钠的灯泡,例如低压钠灯泡,作为光源。另外,自触发灯泡,在没有特殊的保护措施时,也不允许使用在“nA”型照明灯具中,因为这种灯泡可能会产生一些损坏镇流器或电子触发器的不可控高电压。

通常认为,“nA”型照明灯具的正常运行状态是指灯具在设计的工作环境下,在额定电压作用下发光照明。在灯具带电的情况下更换光源(拆卸和安装灯泡),不是灯具的正常工作状态。

“nA”型照明灯具,除了应该符合国家标准关于灯具一般安全要求及“n”型电气设备的通用防爆结构规定外,还具有专用结构和特殊要求:

“nA’’型照明灯具,不管光源是白炽灯还是荧光灯,或高压钠灯、金属卤化物灯都应该有一个完整的外壳,而且防护等级不应该低于IP54。

(1) 灯座

灯座是各种灯具中的一个重要部件。它支撑着光源(灯泡或灯管),并把电源连接到光源上使光源发光。由于光源在灯座中安装形式不同,所以灯座也有不同的形式。

① 卡口灯座

这种灯座应该符合国家标准《卡口灯座》(GB17936)的要求。在这种灯座中,光源通过它的弹簧触点获得电流;假若触点是靠一个弹簧支撑的,那么这个弹簧不应该是载流的主要零件。灯座应该能够保持光源在正确安装状态下不发生松动,不产生火花。

② 螺口灯座

这种灯座应该符合国家标准《螺口灯座》(GB17935)的要求。这种灯座应能够在温度发生变化或出现一定振动时防止光源(灯泡)从灯座中松脱。

③ 双插脚灯座

这种灯座应该符合国家标准《管形荧光灯灯座和启动器座》(GB20550)的要求。灯座应该能够保持光源在正确安装状态下不发生松动,不产生火花。

(2) 启动器或触发器

在光源是荧光灯管、高压钠灯泡等需要高压触发的灯具中,启动器和(或)触发器是不可或缺的重要部件。启动器是一种使用于荧光灯上对电极预热,并与镇流器的电抗线圈串联起来产生一个脉冲电压激发光源使灯启动的装置;而触发器则是一种不对电极预热,直接发出脉冲电压使灯启动的装置。启动器分为辉光型启动器和电子型启动器(触发器)。

① 辉光型启动器

这种启动器实质上是一个封闭在真空的玻璃外壳内的双金属片式开关。它应符合行业标准《荧光灯用启动器》的要求。

② 电子型启动器(触发器)

这种启动器(触发器),当它的启动脉冲电压不超过 5 kV 时,应符合《灯具附件.启动装置(辉光型启动器除外).一般和安全要求》(DIN EN60926—2000)及《灯用附件启动装置(辉光启动器除外)性能要求》(GB/T 19655—2005)的要求。假若它的外壳是金属制作的,则这种外壳与灯具的接地端子必须可靠连接。

启动器座应该符合国家标准《管形荧光灯灯座和启动器座》(GB 20550)的要求，应保证启动器安装后触点有足够的接触压力。

(3) 镇流器

在需要脉冲电压触发才能启动的灯具中，镇流器起着抑制灯电流的作用。通常，它由电感线圈、电容器或电阻器组成，接在电源和灯之间。有时候，镇流器还包含一些辅助电路，例如，电源电压变换装置(提供启动电压和预热电流)，防止冷启动、减少闪频效应、校正功率因数和抑制无线电干扰。

在"nA"型照明灯具中使用的镇流器，在规定的异常条件下，例如灯泡(管)不能够点燃或灯泡(管)老化出现整流效应时，不应该出现超过相应温度组别的过热温度。此时，可以采用温控开关来限制这种过热温度。

(4) 爬电距离和电气间隙

在"nA"型照明灯具中，爬电距离和电气间隙除应符合规定的要求外，还应考虑使用环境对灯具的污染。

(5) 电气连接

在"nA"型照明灯具中，电气连接必须牢固可靠。在电源连接和接地连接时，应该采用固定式螺栓接线端子，而且螺栓的直径不应该小于 4 mm。导电螺栓和垫圈应该采用黄铜制作，连接时所有的连接零件应该配置齐全，保证必要的接触压力。

在"nA"型照明灯具内部进行电气连接时，应考虑可能的脉冲电压对导线的作用而采用高压电线。

(6) 电气绝缘

在"nA"型照明灯具中，各带电零部件之间以及与地之间的绝缘电阻和电气强度应该符合国家标准《灯具一般安全要求与试验》(GB7000.1—2007)的相应要求。

"nA"型照明灯具的绝缘电阻在规定的试验条件下不应该小于表 5－3 中所示数据。

表 5－3　最小绝缘电阻

<table>
<tr><th rowspan="2">项 目 特 征</th><th colspan="3">最小绝缘电阻/MΩ</th></tr>
<tr><th>0 类和Ⅰ类灯具</th><th>Ⅱ类灯具</th><th>Ⅲ类灯具</th></tr>
<tr><td colspan="4">施加于灯具的电压为安全特低电压</td></tr>
<tr><td>不同极性的载流部件之间</td><td>1</td><td>1</td><td>1</td></tr>
<tr><td>载流部件与安装表面之间</td><td>1</td><td>1</td><td>1</td></tr>
<tr><td>载流部件与灯具金属部件之间</td><td>1</td><td>1</td><td>1</td></tr>
<tr><td colspan="4">施加于灯具的电压为非安全特低电压</td></tr>
<tr><td>不同极性的载流部件之间</td><td>2</td><td>2</td><td>—</td></tr>
<tr><td>载流部件与安装表面之间</td><td>2</td><td rowspan="2">2、3 或 4</td><td>—</td></tr>
<tr><td>载流部件与灯具金属部件之间</td><td>2</td><td>—</td></tr>
<tr><td>通过开关作用可成为不同极性的载流部件之间</td><td>2</td><td></td><td>—</td></tr>
</table>

表中所列灯具类型含义如下：

0 类灯具：普通的灯具，仅依靠基本绝缘作为防触电保护的灯具。

Ⅰ类灯具：防触电保护不仅仅依靠基本绝缘，而且还包括附加的其他安全措施，即将容易触及的可能带电部件连接到设备线路的保护导体上，即使在基本绝缘失效时也不至于带电的灯具。

Ⅱ类灯具：防触电保护不仅仅依靠基本绝缘，而且有附加的其他安全措施，例如，采用双重绝缘或强绝缘措施，但是没有保护性接地或等效的安装性接地的灯具。

Ⅲ类灯具：防触电保护仅仅依靠电源电压为安全特低电压，而且不可能有高于安全特低电压的电压施加其上的灯具。

另外，表中“安装表面”是要求在试验时，安装表面应该用金属箔包覆起来。

第五节 “nA”型无火花型电气单元

无火花型电气单元(或组件)主要是指一些小型的无火花元器件和组件，有的单独使用，有一些则需要和其他装置或设备组装在一起使用。

这样的无火花型电气单元，除应该符合“n”型电气设备的通用要求外，还应符合以下的专门规定。

(1) “nA”型熔断器

熔断器是由熔体和支持件组成的。通常情况下，熔体是一种用内装石英砂和熔丝的高强度瓷管构成的器件，也有用内装熔丝的真空玻璃管构成的器件；支持件是一种底座和载熔体的组合体，也可以单独是底座或载熔体。支持件的额定电流表征了配用的熔体所允许的最大的额定电流。

由于用途和安装方式的不同，熔断器有着各种各样的结构形式，例如螺旋型熔断器等。

熔体应该牢固地安装在封闭式管座里或螺旋式管座里；也可以用螺栓—螺母连接方法或焊接方法直接安装在适当的位置上。对于那些插拔式固定的熔体，拔脱的拉力至少为 15 N，对于那些小型的插入式固定的熔体，拔脱的拉力(以 N 为单位)至少为熔体质量(以 kg 为单位)的 100 倍的力。

熔断器的温度组别应该以熔断器通过额定工作电流时它的外壳表面的温度来划分。

当熔断器安装在设备外壳内时，熔断器和设备盖子应该设置互锁机构，保证在打开盖子时熔断器不带电，才允许更换熔体，盖子不闭合不能够对熔断器通电。也可以在设备外壳上设置一个警告牌：“带电时禁止更换熔体!”。

在任何情况下都不允许用裸露的熔丝作为“熔断器”来保护任何电路。

(2) “nA”型仪器和小功率元器件

“nA”型仪器和小功率元器件主要是指一些使用在污染等级不大于 2 级环境中的电子设备和功率不大于 20 W 的小功率设备(装置)，例如测量装置、控制设备、通讯设备等。

① 防护等级

这类设备的外壳应该具有不低于国家标准 IP54 防护等级，或者安装在不低于这个防护等级的其他外壳中。

② 爬电距离和电气间隙(或间距)

在这类设备中，假若额定电压不大于 60 V(交流有效值)或 75 V(直流)，那么可以不考虑它的爬电距离和电气间隙(或间距)；假若额定电压超过 60 V(交流有效值)或 75 V(直流)直到 275 V(交流有效值或直流)，就应该按照国家标准确定其爬电距离和电气间隙(或间距)。

③ 保护装置

这种设备上，设置了一些保护装置，以防止因外部或内部的某种原因对电源的额定电压发生干扰。如果发生干扰则应将它限制在额定电压的 40%以下。例如，采用阻容吸收环节就可以阻止这种干扰。

(3) "nA"型插接装置

"nA"型插接装置是由无火花插头和无火花插座组成的连接，它既可以用于设备外部电路的连接，也可以用于设备内部电路的连接。

① 作为外部电路连接时

在插接装置中，插头和插座应该相互联锁，不管是采用机械方法或是采用电气方法，应保证在触点带电时插头和插座不能分断，在插头和插座分断时不能使触点带电。

当插接装置固定在设备上时，在插接装置或设备上有一个固定机构，以防止偶然的原因使插接装置分断，同时还有一个警告标志："严禁带电分断！"。

插接装置安装在设备上的固定部分(插头或插座)，应保持与设备安装处的防护等级相同。

假若插接装置的额定电流不大于 10 A，额定电压不大于 250 V(交流有效值)或 60 V(直流)的话，而且又符合以下要求，那么，这种装置就不设置相互联锁：

插座为电源侧，分断后，插座用一盖板予以保护。

与插座分断电流时有一个延时间隙，以保证分断之前可以熄灭电弧。

插头与插座在隔爆外壳内熄灭电弧。

插头与插座分断后依然带电的触点有相应的防爆型式保护。

② 作为内部电路连接时

在设备内部使用插接装置连接内部电路时，插接装置的插头和插座是用机械锁紧结构固定起来的。

在设备内部，正常运行时没有插头插入，仅在维修时才插入的插座，可以认为是无火花型的。

(4) "nA"型电流互感器

电流互感器是一种用来测量交流(高压或低压，50 Hz 或 60 Hz)电路主回路的电流、能量或控制其他电路的器件。通常情况下，被测的主回路的电流很大，而互感器的二次输出电流只规定为 5 A，在某些情况下，也有一些是为 1 A 的。

"nA"无火花型电气设备中使用的电流互感器应该符合普通工业标准的要求。电流互感器二次侧的连接必须牢固可靠。根据电磁理论可知，电流互感器是一个电感元件，一旦它的二次侧突然断开，断开点之间就会产生一个很高的电压。这是一个潜在的危险现象。所以，电流互感器上设计一种保护装置，例如硒堆吸收装置，以防止出现这种危险。

第六节 "nC"型有火花型电气单元

有火花型电气单元(或组件)主要是指一些小型的带有开关触点的，或者在某些条件下有可能产生火花的元器件、装置。一般地讲，它们需要和其他装置或设备组装在一起使用。

这样的有火花型电气单元（或组件），除应该符合“n”型电气设备的通用要求外，还应分别符合以下的专门规定：

（1）“nC”型封闭断路器和非点燃元件

“nC”型封闭断路器是一种内装接通—断开电路的触头，当进入内部的可燃性气体发生爆炸时不会遭受损坏，也不会将爆炸传播到它的外部的断路装置；“nC”型非点燃元件是一种内部包含能够接通—断开特定电路的触点，触点机构的设计能够保证这种元件不会点燃特定的可燃性气体混合物的非点燃器件。

这样的防爆结构，实质上是一种用准隔爆外壳进行保护的单元（或组件）。它的外壳没有严格的隔爆间隙的要求，是用试验来验证它的防爆安全性能的。

这种类型的单元（或组件），按照试验要求，可以分为 3 个防爆级别：ⅡA、ⅡB 和ⅡC 级。

（2）“nC”型封闭断路器和非点燃元件的限定条件

封闭断路器，最大电压不得大于 690 V（交流有效值或直流），最大电流不得大于 16 A（交流有效值或直流）。

非点燃元件，最大电压不得大于 254 V（交流有效值或直流），最大电流不得大于 16 A（交流有效值或直流）。

这就是说，超过上述限定条件的电气单元或元器件都不允许制作成这种防爆型式。

对于“nC”型封闭断路器来说，它内部的净容积不应该大于 20 cm^3；组成外壳的各零部件应该紧密地配合起来，阻止外壳内的火焰通过各零部件之间的缝隙传到外壳外部。

当使用浇封化合物材料来制作这种外壳时，材料的连续运行温度至少应该比“nC”型封闭断路器在最严酷的额定运行条件下工作时所产生的温度高出 10 K。

外壳应具有一定的机械强度，至少在正常的组装和拆卸作业中不能够被损坏。

对于“nC”型非点燃元件来说，火花触点的形状和触点的排列，能够抑制触点产生起始火花，从而可以防止点燃外部的可燃性气体混合物。非点燃元件仅仅适用于与试验这种元件的电路具有类似电气性能（例如，电压、电流、电感或电容）的电路中，或者危险性更低的电路中。

第七节 “nC”型密封组件、浇封组件及气密组件

“nC”型密封组件是一种在正常运行时不能开启，处于完全密封状态，防止外部大气进入其内的密封型器件；“nC”型浇封组件是一种内部可以包含空腔，也可以不包含空腔，电气元器件全部被浇封在浇封化合物中，完全防止外部气体进入其内的浇封型器件；“nC”型气密组件是一种用焊接，例如钎焊、铜焊、熔焊等方法制成的外壳，能够完全密封，防止外部大气进入其内的气密型器件。

这三种结构型式的组件，尽管采取的防爆结构措施不同，但是，同属于一种保护类型的组件，都是通过一个密闭（包括浇封化合物固化后形成的“外壳”）的外壳将外壳内部与外部隔离起来，使可能产生火花的触点或危险温度处于外壳内。

（1）密封组件

对于“nC”型密封组件，外壳用可靠的密封措施密封起来，例如，密封衬垫就可以实现这

种密封。外壳的净容积不应该超过 100 cm^3。在正常运行时，外壳的盖子不允许开启。假若需要连接外部电路，组件允许设置接线端子或预留导线(接线端子或导线与外壳壁之间应该保持相应的密封)。

当使用密封衬垫进行密封时，密封衬垫安装在不承受机械损害的位置，在组件使用寿命期间内保持所需的密封性能。

密封衬垫材料的连续工作温度至少比组件在最严重的额定工作条件下所产生的温度高出 10 K；假若这种衬垫是用于照明灯具的，则至少高出 20 K。

(2) 浇封组件

对于"nC"型浇封组件，假若被浇封的是继电器或开关，则在浇封体内空腔的净容积不允许超过 100 cm^3；如果在浇封体内有两个或多个空腔时，则每个空腔之间的间隔壁厚至少为 3 mm。另外，如果浇封体空腔中的开关触点处没有附加的外壳，那么通过开关的每个触点的电流不应该超过 6 A。

浇封化合物材料的连续工作温度比组件在最严重的额定工作条件下所产生的温度高出 10 K；假若这种浇封化合物是用于照明灯具的，则至少高出 20 K。

在"nC"型浇封组件中，内部部件与浇封化合物外部表面之间的厚度不小于3 mm；当外部表面积小于 2 cm^2 时，这个厚度可以不小于 1 mm。假若使用金属容器作为容纳浇封化合物外壳时，被浇封的元器件和导体与容器壁之间的浇封化合物厚度至少为 1 mm；假若使用最小壁厚为 1 mm 的非金属容器作为容纳浇封化合物外壳时，被浇封的元器件和导体与容器壁之间的浇封化合物厚度没有特殊要求；假若非金属容器的壁厚小于 1 mm，则外壳壁厚和浇封化合物厚度总和不应该小于 3 mm。

(3) 气密组件

对于"nC"型气密组件，外壳使用金属材料制作，通过钎焊、熔焊、铜焊或玻璃—金属焊接来达到气密性能，防止外部气体进入外壳内。

(4) 机械强度

不管是"nC"型密封组件，还是"nC"型浇封组件、"nC"型气密型组件，都应具有一定的机械强度，就是在正常的操作和组装时都不应该被损坏。

第八节　"nL"限制能量型电气设备和"nA nL"自保护限制能量型电气设备

在"nL"限制能量型电气设备(简称"nL"型限能设备)和"nA nL"自保护限制能量型电气设备(简称"nA nL"型自保护限能设备)中，人们使用了限制能量的保护原理，它实质上是一种准本质安全型防爆型式。这种防爆型式的设备，主要是依靠限制设备电路的能量在一定的条件下不能点燃可燃性气体混合物的方法来实现防止点燃爆炸的。

此外，在"nL"型限能设备中还有一种关联限能设备。所谓关联限能设备，就是在同一个设备中同时具有限能电路和非限能电路，而且在结构上保证非限能电路不对限能电路产生不利影响的设备。关联限能设备又分以下两种。

"Ex[nL]"型关联限能设备：这种关联设备使用其他防爆型式或保护方法对限能电路做进一步的保护，可以使用在相应的爆炸性危险场所中。例如，将关联限能设备放置在隔爆外壳中，就允许使用在爆炸性气体环境中。

“[ExnL]”型关联限能设备：这种关联设备没有采取任何其他进一步的保护措施，不能使用在爆炸性气体环境中。例如，像安全栅之类的关联限能设备，只能放置在非爆炸性危险场所中，但是它的安全输出端可以连接在爆炸性危险场所中相应的设备上。

一般情况下，这种防爆型式的限能设备分类，按照试验确定，可以为三个防爆级别：ⅡA级、ⅡB级、ⅡC级，其结构和安全要求如下。

(1) 间距

在“nL”型限能设备和“nA nL”型自保护限能设备中，限能电路和非限能电路之间、各种不同的限能电路之间都应该有一定的间距，另外，限能电路的带电部件与接地的金属部件、绝缘的金属部件之间也要有适当的间距。

(2) 元器件

在限能电路中使用的元器件应该符合下列的相应规定：

① 除变压器、熔断器、热脱扣器、继电器和开关外，限能电路中所使用的任何元器件，在正常运行工况下，都不应该在超过它的额定(电压、电流和功率)值的2/3的条件下工作。在确定元器件的额定值时，应该充分考虑到限能设备的额定值、安装状态以及运行的环境温度等外部条件所造成的影响。

② 熔断器可以在限能电路中作为限能元件，用以保护其他的元器件。因此，熔断器应该能够连续通过它的1.7倍额定电流 I_n（I_n——熔体的额定电流）；它的电流—时间特性不应该超过被保护元器件的瞬态额定值。

③ 在关联设备内安装的熔断器应该能够分断 1 500 A 的电流，除非它设置有辅助限流装置。

④ 在限能设备内安装的并联安全元件，例如二极管或限压装置，除非它们自身在设备正常运行时发生故障外，都应该牢固地安装在相应位置上，不允许在工作期间发生松动甚至断开。

(3) 防止极性反接

在限能设备的电路中，设置了一个防止电源极性反接的结构环节。电源极性接反了就会造成难以预计的故障。在限能设备电路的电源入口处接入一个二极管桥式电路就可以防止电源极性反接。

(4) 蓄电池

对于限能设备中使用的蓄电池，按照它的最大开路电压试验电路的火花点燃性能；按照它的标称电压测试设备的表面温度。

(5) 关联限能设备

对于关联限能设备，它应该具有可靠的措施，限制限能设备内的储能元件、关联限能设备限能电路的输出端和限能设备内正常的火花触点的电压和电流，例如，采用齐纳二极管和串联电阻器就可以限制电压和电流。

(6) 自保护限能设备

自保护限能设备，它是一种包含限能环节(电路)和关联限能环节(电路)的组合型设备；关联限能环节必须用其他的保护形式，例如 nA 型或 nC 型保护起来。

(7) 插接装置

当限能设备或关联限能设备与外部电路的连接是采用多个插接装置进行时，这些插接装置的插头和插座应该在结构上采取措施保证不能够互换错插，并且还要明显地标志出极性。

第九节 "nR"限制呼吸型电气设备

"nR"型电气设备是一种用特制的密封式外壳来防止它内部可能产生的电气火花和危险温度接触可燃性气体的设备。

这种密封式外壳被称作"nR"型限制呼吸外壳，它能够阻止周围的可燃性气体进入它的内部，外壳内的电气元器件也就不会接触到可燃性气体，所以，具有这种外壳的电气设备就不可能成为周围的可燃性气体混合物的点燃源。

这种保护形式只适用于长时工作制的设备，因为长时工作制的设备启动—停止的次数少一些，所以，外壳内、外部温差引起的"呼吸"作用也会小一些，可燃性气体渗入外壳内的量就会少一些。

结构和安全要求如下：

"nR"型限制呼吸外壳可以使用具有一定机械强度的任何材料制成，例如金属材料、塑料材料，且具有很好的密封性能。

当"nR"型限制呼吸外壳各零件之间的密封是用安装弹性密封垫或浇封化合物密封的时候，密封垫不应该遭受机械损伤，使设备在预期的使用寿命期间内能保持良好的密封性能。

浇封化合物的连续运行温度应该比设备在不利的额定运行条件下产生的温度高出10 K。

倘若在具有这种外壳的电气设备内安装有火花触点时，不应该仅仅单一地靠这种外壳来防止发生点燃，也就是说，还应采取一些其他的保护措施，例如火花触点应该采用非点燃元件。

在设计"nR"型电气设备时，设计人员已限制内含火花触点的功率，因为火花触点在接通—断开时释放出的能量会引起设备内部空气温度升高。通常认为，内部的平均温度不应该高于外部环境温度 10 K。若断电后内部温度下降速率不大于 10 K/h，则平均温度可以高出外部环境温度 20 K。外壳内、外部的温差太大，或变化速率太快，会加速外壳的"呼吸"作用。

当"nR"型电气设备内不含有火花触点时，可以不考虑它内部的温度，仅限制外壳外部的温度不超过相应温度组别的温度值就可以了。

这样的电气设备在安装或维修后都必须进行密封性能试验。

第六章　防爆电气设备选型

第一节　电机及低压电器的外壳防护等级

一、防护等级标志方法

《外壳防护等级(IP 代码)》(BS EN 60529)中定义的电机、低压电器用特征字母“IP”后跟两个数字来表征其外壳防护等级。第 1 个数字表示第一种防护型式的等级，第二位数字表示第二种防护型式的等级。如只需单独标志一种防护型式的等级则被略去数字的位置以“X”补充，例如 IPX3 或 IP5X。

防护等级的标志方法规定如下：

I P A B

B —— 第二位数字（表示防水等级）

A —— 第一位数字（表示防固体进入及人体触及等级）

IP —— 外壳的防护标志字母

二、防止固体进入内部的防护等级

第 1 个数字表示对人、固体异物或尘埃的防护能力，分为 0～6 级，见表 6－1。在低压电器中防爆灯具是一种密封灯具，其防尘能力至少为 4 级以上。

表 6－1　防止固体进入内部的防护等级

号　码	简短说明	定　义
0	无防护	无特殊的防护
1	防止大于 50 mm 之物体侵入	防止人体因不慎碰到灯具内部零件，防止直径大于 50 mm 之物体侵入
2	防止大于 12 mm 之物体侵入	防止手指碰到灯具内部零件
3	防止大于 2.5 mm 之物体侵入	防止直径大于 2.5 mm 的工具、电线或物体侵入
4	防止大于 1.0 mm 之物体侵入	防止直径大于 1.0 mm 的蚊蝇、昆虫或物体侵入
5	防尘	无法完全防止灰尘侵入，但侵入灰尘量不会影响灯具正常运作
6	防尘	完全防止灰尘侵入

上表中第二栏“简短说明”不应用来规定防护型式，只能作为概要介绍。

第一位特征数字为 1 至 4 的设备，应能防止三个互相垂直的尺寸都超过第三栏相应数字、形状规则或不规则的固体进入外壳。

对具有泄水孔或通风孔的设备，第一位特征数字为 3 和 4 时，其具体要求由相关专业的相应标准规定。

对具有泄水孔的设备第一位数字为 5 时，其具体要求由相关专业的相应标准规定。

三、防止水进入内部的防护等级

第2个数字表示对水的防护能力，分为0－8级，见表6－2。

表6－2　防水等级一览表

号码	简短说明	定义
0	无防护	无特殊的防护
1	防止滴水侵入	防止垂直滴下之水滴
2	倾斜15°时仍防止滴水侵入	当灯具倾斜15°时，仍可防止滴水
3	防止喷射的水侵入	防止雨水或与垂直方向夹角小于50°方向所喷射之水
4	防止飞溅的水侵入	防止各方向飞溅而来的水侵入
5	防止大浪的水侵入	防止大浪或喷水孔急速喷出的水侵入
6	防止大浪的水侵入	灯具侵入水中在一定时间或水压的条件下，仍可确保灯具正常运作
7	防止侵水的水侵入	灯具无期限地沉没水中，在一定水压的条件下，可确保灯具正常运作
8	防止沉没的影响	

上表中第二栏"简短说明"不应用来规定防护型式，只能作为概要介绍。

表中第一位特征数字8，通常指水密型，但某些类型设备也可以允许进入，但不应达到有害程度。

第二节　危险场所电气设备类型选择

一、选型原则

（1）防爆电气设备的选型原则是安全可靠，经济合理。

（2）防爆电气设备应根据爆炸危险区域的等级和爆炸危险物质的类别、级别和组别选型。

二、爆炸性气体环境用电气设备选型

（1）根据区域类别选型

爆炸性气体环境用电气设备根据区域类别选型应符合表6－3要求。

表6－3　气体爆炸危险场所用电气设备防爆类型选择

适用爆炸危险区域	电气设备防爆型式	防爆标志
0区	本质安全型(ia级)	Exia
	为0区设计的特殊型	Exs
1区	适用于0区的防爆型式	
	本质安全型(ib级)	Exib
	隔爆型	Exd
	增安型	Exe

续表

适用爆炸危险区域	电气设备防爆型式	防 爆 标 志
1 区	正压外壳型	Expx、Expy
	油浸型	Exo
	充砂型	Exq
	浇封型	Exm
	为 1 区设计的特殊型	Exs
2 区	适用于 0 区和 1 区的防爆型式	
	n 型	ExnA、ExnC、ExnR、ExnL、ExnZ
	正压外壳型	Expz
	为 2 区设计的特殊型	Exs

1. 对于标有“s”的特殊型设备，应根据设备上标明适用的区域类型选用，并注意设备安装和使用的特殊条件。
2. 根据我国的实际情况，允许在 1 区中使用的“e”型设备仅限于：
——在正常运行中不产生火花、电弧或危险温度的接线盒和接线箱，包括主体为“d”或“m”型，接线部分为“e”型的电气产品；
——配置有合适热保护装置（见 GB3836. 3－2000 附录 D）的“e”型低压异步电动机（启动频繁和环境条件恶劣者除外）；
——单插头“e”型荧光灯。
3. 用正压保护的防爆型式：
px 型正压——将正压外壳内的危险分类从 1 区降至非危险或从Ⅰ类（煤矿井下危险区域）降至非危险的正压保护。
py 型正压——将正压外壳内的危险分类从 1 区降至 2 区的正压保护。
pz 型正压——将正压外壳内的危险分类从 2 区降至非危险的正压保护。
4. 符号：
A——无火花设备；
C——有火花设备；触头采用除限制呼吸外壳，能量限制和 n－正压之外的适当保护；
R——限制呼吸外壳；
L——限制能量设备；
Z——具有 n－正压外壳。

（2）根据气体或蒸气的引燃温度选型

电气设备应按其最高表面温度不超过可能出现的任何气体或蒸气的引燃温度选型。

电气设备上温度组别标志意义见表 6－4。

如果电气设备未标示环境温度范围，设备应在－20～＋40℃温度范围内使用。如果电气设备标志了该温度范围，设备只能在这个范围内使用。

表 6－4　温度组别、引燃温度和允许的设备温度组别之间的关系

危险场所要求的温度组别	气体或蒸气的引燃温度	允许的设备温度组别
T1	＞450℃	T1～T6
T2	＞300℃	T2～T6
T3	＞200℃	T3～T6

续表

危险场所要求的温度组别	气体或蒸气的引燃温度	允许的设备温度组别
T4	>135℃	T4～T6
T5	>100℃	T5～T6
T6	>85℃	T6

(3) 根据设备类别选型

防爆型式为“e”、“m”、“o”、“p”和“q”的电气设备应为Ⅱ类设备。

防爆型式为“d”和“i”的电气设备应是ⅡA、ⅡB、ⅡC类设备，并按表6-5进行选型。

防爆型式“n”的电气设备应为Ⅱ类设备，如果它包括密封断路装置，非故障元件或限能设备或电路，那么该设备应是ⅡA、ⅡB或ⅡC类，并且按表6-3进行选型。

表6-5　气体/蒸气分类与设备类别间的关系

气体/蒸气分类	设备类别
ⅡA	ⅡA、ⅡB或ⅡC
ⅡB	ⅡB或ⅡC
ⅡC	ⅡC

(4) 外部影响

电气设备的选型和安装，应考虑防止外部影响(例如化学作用，机械作用和热、电气、潮湿)对防爆性能产生不利的影响。

应有防止异物垂直落入立式安装电机通风口内的措施。

三、可燃性粉尘环境用电气设备选型

防爆电气设备分组为A型、B型。A型和B型没有原则冲突，只是不同设备为了达到防护目的采取的不同方法，都是粉尘防护中的外壳防护。A型设备防尘方法采取适宜的防尘等级，并在5 mm厚粉尘层堆积的情况下确定设备表面温度；B型设备采用类似于隔爆面的防尘设计方法，并在12.5 mm粉尘层堆积的情况下确定设备表面温度。

(1) 根据粉尘环境区域和粉尘类型选型

可燃性粉尘环境用电气设备根据粉尘环境区域和粉尘类型选型见表6-6。

表6-6　防粉尘点燃电气设备的选择

电气设备类型	粉尘类型	20区或21区	22区
A型	导电粉尘	DIP A20或DIP A21	DIP A21 (IP6X)
	非导电粉尘	DIP A20或DIP A21	DIP A22或DIP A21
B型	导电粉尘	DIP B20或DIP B21	DIP B21
	非导电粉尘	DIP B20或DIP B21	DIP B22或DIP B21

(2) 根据粉尘点燃温度选型

防粉尘点燃设备的最高表面温度(TA或TB)通常直接标温度值，或按表6-4标温度组别(T1～T6)或两者都标。

对于A型设备，其最高表面温度应不超过相关粉尘云最低点燃温度(以℃为单位)的三分之二，即 $T_{max} \leqslant 2/3\ T_{cl}$；当存在粉尘层厚度至5 mm时，其最高表面温度不应超过相关粉尘层厚度为5 mm的最低点燃温度减去75 K。即 $T_{max} \leqslant T_{5\ mm} - 75$ K，取两者较小值。

对于B型设备，其最高表面温度应不超过相关粉尘云最低点燃温度(以℃为单位)的三分之二，即 $T_{max} \leqslant 2/3T_{cl}$；当存在粉尘层厚度至12.5 mm时，其最高表面温度不应超过相关粉尘层厚度为12.5mm的最低点燃温度减去25 K。即 $T_{max} \leqslant T_{12.5\ mm} - 25$ K，取两者较小值。

设备选型时，对于20区使用粉尘层厚度可能超过5 mm的A型设备，或粉尘层厚度可能超过12.5 mm的B型设备，设备允许的最高表面温度必须进一步降低，并经实验室试验验证确定。

对于使用在危险场所的辐射设备和超声波设备，以及即使使用在安全场所，但其辐射或超声波可能进入危险场所的设备的选择应满足《可燃性粉尘环境用电气设备　第1部分：用外壳和限制表面温度保护的电气设备　第2节：电气设备的选择、安装和维护》(GB 12476.2—2006)标准规定的要求。

第三节　防爆电机

防爆电机主要用于煤矿、石油天然气、石油化工和化学工业。此外，在纺织、冶金、城市煤气、交通、粮油加工、造纸、医药等部门也被广泛应用。防爆电机作为主要的动力设备，通常用于驱动泵、风机、压缩机和其他传动机械(如图6-1)。

图6-1　防爆电机

一、防爆电机分类

(1) 按电机原理分，可分为防爆异步电机、防爆同步电机及防爆直流电机等。

(2) 按使用场所分，可分为煤矿井下用防爆电机(Ⅰ类)、工厂用防爆电机(Ⅱ类)。

(3) 按防爆原理分，可分为隔爆型电机、增安型电机、正压型电机、无火花型电机及粉尘防爆电机(按其外壳分为A、B两种：尘密外壳和防尘外壳两类)等。

(4) 按配套的主机分，可分为阀门用防爆电机、风机用防爆电机、船用防爆电机、起重冶金用防爆电机及加氢装置配套用增安型无刷励磁同步电机等。

此外，还可以按额定电压、效率等技术指标来分，如高压防爆电机、高效防爆电机、高转差率防爆电机及高起动转矩防爆电机等。

二、防爆电机级别

Ⅱ类防爆电机和其他防爆电气设备一样，按其适用于爆炸性混合气体最大试验间隙或最小点燃电流分为A、B、C三级。

三、防爆电机的温度组别

Ⅱ类防爆电机也是按其允许最高表面温度分T1～T6六个温度组别。

四、防爆电机选型原则

(1) 首先要查明应用场所是气体爆炸还是粉尘爆炸危险场所。

(2) 气体爆炸危险场所,根据危险程度分区来选择防爆电机。

(3) 根据场所中所含引燃温度最低的爆炸性混合物的温度组别来选择对应温度组别的防爆电机。

(4) 隔爆型防爆电机使用场所可以是Ⅰ类,也可以是Ⅱ类;增安型、正压型、无火花型电机只能用于Ⅱ类场所。

(5) 隔爆型电机应根据场所中最危险爆炸性气体混合物的最大试验安全间隙的级别来选择不低于此级别的电机。

(6) 选用增安型、正压型防爆电机时,应配备相应的保护装置,否则不能保证防爆安全性。

(7) 选用防爆电机必须是经国家质量主管部门授权的防爆电气产品质量检验机构检验,并颁发有防爆合格证的产品。

防爆电机的选型是保证不使电机成为爆炸危险场所点燃源的前提,正确选型,既可以充分利用电能,获得足够的动力,又能安全使用,避免发生爆炸事故,使安全性、经济性同时实现。

表 6-7 基本列出了不同爆炸危险区域,不同防爆型式,相对于不同结构电机的适用与否。

表 6-7　防爆电机及低压变压器选型

爆炸危险区域与防爆结构 / 电气设备	1区			2区			
	隔爆型 d	正压型 p	增安型 e	隔爆型 d	正压型 p	增安型⑤e	无火花型⑥n
三相鼠笼型感应电动机 ①	○	○	×	○	○	○④	○
三相绕线型感应电动机 ②	△	△	—	○	○	○	×
单相鼠笼型感应电动机	○		×	○		○	○
带制动器的鼠笼型感应电机	△③		×	○		△	×
同步电机	○	○	×	○		○④	
直流电动机	△	△	—	○	○	—	—
电磁滑差离合器(无电刷)	○	△	×	○	○	○	△
干式变压器(包括启动用)	△	△	×	○	○	○	
干式电抗线圈(包括启动用)	△	△	×	○	○	○	
仪表用互感器	△		×	○		○	

可燃性粉尘环境

电气设备	20区或21区			22区			
	尘密	正压	充油	正压	尘密	IP65	IP54
鼠笼型感应电动机	○	○					○
绕线型感应电动机	○	○		○			○

续表

电气设备 \ 爆炸危险区域与防爆结构	1区			2区			
	隔爆型 d	正压型 p	增安型 e	隔爆型 d	正压型 p	增安型⑤e	无火花型⑥n
变压器	○	○	○		○		

① 三相鼠笼型感应电动机原则上具有连续使用的连续额定和短时间使用的短时间额定特性的电动机。
② 三相绕线型感应电动机应将其启动电流限制在必要的最小限度，额定值按序号 1 选择。
③ 带制动器的鼠笼型感应电机一般多为连续使用和反复使用，因此，特别有必要对其负荷条件、运行特性进行研究后再选型。1 区"隔爆"栏的③符号，是指包括控制危险温度的制动器的隔爆型结构。
④ 是指发生电火花的部分为隔爆或正压型结构，而其主体为增安型防爆结构。
⑤ 对增安型电动机需选择合适的过电流保护装置，防止转子堵转时产生不允许的高温。
⑥ 表中无火花电动机是用在通风不良及户内有比空气重的介质的区域内时，需慎重考虑。

表中符号意义如下："○"为适用；"△"为慎用；"×"为不适用；"—"为结构上不现实；无符号的一般不用。

五、几种防爆电机的结构特点

(1) 隔爆型电机

采用隔爆外壳把可能产生火花、电弧和危险温度的电气部分与周围的爆炸性气体混合物隔开。但是，这种外壳并非是密封的，周围的爆炸性气体混合物可以通过外壳的各部分接合面间隙进入电机内部。当与外壳内的火花、电弧、危险高温等引燃源接触时就可能发生爆炸，这时电机的隔爆外壳不仅不会损坏或变形，而且爆炸火焰或炽热气体通过接合面间隙传出时，也不能引燃周围的爆炸性气体混合物。

我国当前广泛应用的低压隔爆型电机产品的基本系列是 YB 系列隔爆型三相异步电机，它是 Y 系列(IP44)三相异步电机的派生产品。防爆性能符合《爆炸性气体环境用电气设备　第 1 部分：通用要求》(GB3836.1—2000)和《爆炸性气体环境用电气设备　第 2 部分：隔爆型"d"》(GB3836.2—2000)的规定；电机功率范围为 0.55～200 kW；防爆标志为 dⅠ、dⅡAT4、dⅡBT4，分别适用于煤矿井下固定式设备或工厂ⅡA、ⅡB 级，温度组别为 T1～T4 组的可燃性气体或蒸气与空气形成的爆炸性混合物的场所；主体外壳防护等级为 IP44，也可制成 IP54，接线盒防护等级为 IP54；额定频率为50 Hz，额定电压为 380 V、1 660 V、1 140 V、380/660 V、660/140 V；电机绝缘等级为 F 级，但按 B 级考核定子绕组的温升，具有较大的温升裕度。

低压隔爆型三相异步电机派生系列的主要型号有：YB 系列(dⅡCT4)(机座中心高为 80～315 mm)，YBSO 系列(小功率，机座中心高为 63～90 mm)，YBF 系列(风机用，机座中心高为 63～160 mm)，YB—H 系列(船用，机座中心高为 80～280 mm)，YB 系列(中型，机座中心高为 355～450 mm)，YB—W、B—TH、YB—WTH 系列(机座中心高为 80～315 mm)，YBDF—WF 系列(户外防腐隔爆型电动阀门用，机座中心高为 80～315 mm)及 YBDC 系列(隔爆型电容启动单相异步电机，机座中心高为 71～100 mm)和 YBZS 系列起重用隔爆型双速三相异步电机。另外，还有 YB 系列高压隔爆型三相异步电机(机座中心高为 355～450 mm，560～710 mm)。

行业联合设计的 YB2 系列已通过了全国鉴定，将逐步取代 YB 系列，成为我国隔爆型三相异步电机的基本系列。YB2 系列共 15 个机座号(机座中心高为 63 mm、355 mm)，功率范围为 0.12～315 kW。其主要特点是：

① 功率等级、安装尺寸及转速的对应关系与 DIN42673 一致，同时考虑到与 YB 系列的继承性和 Y2 系列的互换性，作了必要调整，更加有效和适用。

② 全系列采用 F 级绝缘，温升按 B 级考核。

③ 噪声限值比 YB 系列低，接近 YB 系列的 Ⅰ 级噪声，振动限值与 YB 系列相当。

④ 外壳防护等级提高到 IP55。

⑤ 全系列选用低噪声深沟球轴承，机座中心高在 180 mm 以上电机设注排油装置。

⑥ 电机散热片有平行水平分布和辐射分布两种，以平行水平分布为主。

(2) 增安型电机

电机在正常运行条件下不产生电弧、火花或危险高温的结构上，再采取一些机械、电气和热的保护措施，进一步避免在正常或认可的过载条件下出现电弧、火花或高温的危险，从而确保其防爆性能。

我国当前应用的低压增安型的基本系列是 YA 系列，增安型三相异步电动机，它是 Y 系列(IP44)三相异步电机的派生产品。防爆性能符合国家标准《爆炸性气体环境用电气设备　第 1 部分：通用要求》(GB3836.1—2000)和《爆炸性气体环境用电气设备　第 3 部分：增安型"e"》(GB3836.3—2000)的规定；功率范围为 0.55～90 kW，相对应的机座中心高为80～280 mm；防爆标志为 eⅡT1、eⅡT2、eⅡT3，分别适用于工厂中具有温度组别为 T1～T3 组爆炸性混合物并具有轻微腐蚀介质的场所；主体外壳的防护等级为 IP54，接线盒防护等级为 IP55；额定频率为 50 Hz，额定电压为 380 V；电机采用 F 级绝缘。

低压增安型电机派生系列的主要型号有：YASO 系列小功率增安型三相异步电机 YA—W、YA—WF1 系列户外、户内防腐增安型三相异步电机等。

YA2 系列将取代 YA 系列。YA2 系列共 15 个机座号(机座中心高为 63～355 mm)，功率范围为 0.12～400 kW。

高压(6kV)增安型三相异步电机系列有：YA355～450，功率 160～450 kW；YA560～900，功率 500～1 800 kW；YAm355～630 水冷，功率 220～2 500 kW；YAKK355～630 空—空冷，功率 185～2 000 kW。能满足炼油厂石油深加工加氢装置安全要求的增安型无刷励磁同步电机，是一种新型防爆电机，其特点是：

① 采取一系列可靠的防止火花、电弧和危险高温的措施，可以安全运行于 2 区爆炸危险场所。

② 采用无刷励磁，设置旋转整流盘和静态励磁柜，励磁控制系统可靠；顺极性转差投励准确，无冲击；励磁系统失步保护可靠，再整步能力强；线路设计合理，放电电阻在工作中不发热；励磁电流调节范围宽。

③ 同步机、交流励磁机及旋转整流盘同轴。整流盘位于主电机和励磁机之间，或置于轴承座之外。

④ 外壳防护等级为 IP54。

⑤ 采用 F 级绝缘，温升按 B 级考核。

⑥ 改变传统的下水冷为上水冷，即水冷却器置于电机上部。

⑦ 设增安型防潮加热器，固定在电机底部的罩内，用于停机时加热防潮用。

⑧ 选优质原材料，电气及机械计算留有较大裕度，能满足运行可靠性和增安型电机的温度要求。

⑨ 设置有完善的监控措施：主接线盒内设置用于差动保护的增安型自平衡电流互感器；定子绕组埋设工作和备用的铂热电阻，分度号为 Pt100；设漏水监控仪，监控水冷却器的泄漏；两端座式滑动轴承分别设现场温度显示仪表和远传信号端子。

(3) 正压型电机

其结构特点是：

① 配置有一套完整的通风系统，电机内部不存在可能影响通风的结构死角。

② 外壳和管道由不燃材料制成，并具有足够的机械强度。

③ 外壳及主管道内相对于外界大气保持足够大的正压。

④ 电机须有安全保护装置（如时间继电器和流量监测器），以保证足够的换气量，还必须有壳内气压欠压的自动保护或报警装置。

⑤ 外壳上的快开门或盖须有与电源联锁的装置。

我国目前尚无统一的正压型电机系列产品。

(4) 无火花型电机

无火花型电机是指在正常运行条件下，不会点燃周围爆炸性混合物，且一般又不会发生点燃故障的电机。与增安型电机相比，除对绝缘介电强度试验电压、绕组温升、t_E（在最高环境温度下达到额定运行最终温度后的交流绕组，从开始通过启动电流时计起至上升到极限温度的时间）以及启动电流比不像增安型那样有特殊规定外，其他方面与增安型电机的设计要求一样。

无火花型电机符合《爆炸性气体环境用电气设备　第 1 部分：通用要求》(GB3836.1—2000)和《爆炸性气体环境用电气设备　第 8 部分："n"型电气设备》(GB3836.8—2003)的规定。设计上注重电机的密封措施，主体外壳防护等级为 IP54、IP55，接线盒为 IP55。额定电压在 660 V 以上的电机，其空间加热器或其他辅助装置的连接件应置于单独的接线盒内。

目前，国内已研制、生产了 YW 系列无火花型电机产品（机座中心高度为 80～315 mm）。防爆标志为 nⅡT3，适用于工厂含有温度组别为 T1～T3 组的可燃性气体或蒸气与空气形成的爆炸性混合物的 2 区场所。额定频率为 50 Hz，额定电压为 380 V、660 V、380/660 V，电机采用 F 绝缘，但按 B 级考核定子绕组的温升限值，具有较大的温升裕度及较高的安全可靠性，功率为 0.55～200 kW。

(5) 粉尘防爆电机

粉尘防爆电机指其外壳按规定条件设计制造，能阻止粉尘进入电机外壳内或虽不能完全阻止粉尘进入，但其进入量不妨碍电机安全运行，且内部粉尘的堆积不易产生点燃危险，使用时也不会引起周围爆炸性粉尘混合物爆炸的电机。其特点是：

① 外壳具有较高的密封性，以减少或阻止粉尘进入外壳内，即使进入，其进入量也不至于形成点燃危险。

② 控制外壳最高表面允许温度不超过规定的温度组别。

目前此类防爆电机已用于国家粮食储备库的机械化设备上。

第四节　防爆控制类、连接类电器

一、控制类电器选型

低压开关控制设备类选型见表 6－8。

表 6-8　低压开关控制设备类选型

电气设备 \ 爆炸危险区域与防爆结构	0区	1区					2区				
	本质安全	本质安全	隔爆	正压	充油	增安	本质安全	隔爆	正压	充油	增安
刀开关、断路器	—	—	○		—	—	—	○		—	—
熔断器	—	—	△		—	—	—	○		—	—
控制开关及按钮	○	○	○		○	—	○	○		○	—
二次启动用空气控制器	—	—	△		—	—	—	○		—	—
电抗启动器和启动补偿器	—	—	△		—	—				—	○
启动用电阻补偿器	—	—	△	△	—	×	—	○	○	—	○
电磁阀用电磁铁	—	—	○	—	—	×	—	○	—	—	○
电磁摩擦制动器	—	—	△		—	×	—	○	○	—	△
操作箱、柱	—	—	○	○	—	—	—	○	○	—	—
控制盘	—	—	△	△	—	—	—	○	○	—	—
配电盘	—	—	△		—	—	—	○		—	—

可燃性粉尘环境

电气设备	20区或21区			22区			
	尘密	正压	充油	正压	尘密	IP65	IP54
配电装置	○	○					

① 控制开关是指按钮开关、操作开关等，此外，与控制小型开关相类似的压力开关、浮动开关、限位开关也同样适用。
② 是指将隔爆结构的启动运转开关操作部件和增安型防爆结构的电抗线圈或单绕组变压器组成一起的结构。
③ 仅允许用 ia。
④ 是指将制动片、滚筒等机械部分也装入隔爆壳体内者。
⑤ 是指除隔爆型外，主要开关部件有火花部分为隔爆型，其他为增安型的混合结构。

表中符号意义如下："○"为适用；"△"为慎用；"×"为不适用；"—"为结构上不现实；无符号的一般不用。

二、控制类电器举例

(1) 低压开关及控制箱

防爆控制电器可以是单件，如防爆自动开关、防爆刀开关、熔断器以及包括照明开关、转换开关(组合开关，如图6-2)、行程开关、拉线开关等小型防爆开关。在一些控制场合常用作控制动力或照明配电系统的线路分合之用。这些开关的防爆等级可达ⅡCT6级别，其防爆外壳壳体通常是采用铸造铝合金压铸而成的复合型结构，也有少数制造厂采用其他材质外壳。这类产品的特点是体积小、内部元件单一、技术含量较低、结构简单、制作容易。

图 6-2　防爆开关

实际应用中，经常由单件搭配起来，再加上一个外壳，即成为结构组合式防爆控制箱，如图 6－2。

图 6－3　防爆控制箱

防爆控制箱（如图 6－3）包括用于控制动力系统的动力箱和控制照明系统的照明配电箱。最多可控制 12 个回路，其外壳大部分是以铸造铝合金材料制作的，也有一部分为钢板焊接的，还有很少一部分为绝缘材料外壳。其内部主要由断路器、接触器、热继电器、转换开关、信号灯、按钮等元件构成，制造厂还可根据用户需要而选择配备。防爆等级最高可达ⅡCT6级。

（2）启动器

图 6－4　防爆自耦减压电磁启动箱（ⅡB）

防爆启动器包括手动启动器、电磁启动器、可逆电磁启动器、自耦减压启动器（如图 6－4）、Y－△变换降压启动器和馈电开关等。防爆启动器作为终端控制设备，一般是一台启动器控制一台电动机。其外壳壳体通常由铸造铝合金或钢板制成。其内部一般由接触器（空气式或真空式）、电动机保护系统、信号灯、按钮和自耦变压器元件组成，而且一般都具有就地控制、远距离控制和自动控制功能。也有的产品中安装有断路器作总开关，使之更加完善。

这类产品市场需求量相对来说也很大，所以生产厂家也比较多，主要包括照明开关、转换开关（组合开关）、行程开关、拉线开关等小型防爆产品。

（3）主令电器

主令电器是用作闭合或断开控制电路，以发出命令或程序控制的开关电器。这类防爆电器主要包括控制按钮和操作柱。防爆控制按钮外壳一般用聚碳酸酯、玻璃纤维增强不饱和聚酯树脂或 ABS 塑料注塑来制造，也有少量是用铸铝压铸成形的。一般结构为增安型外壳，内装隔爆型元件，而且可以实现防腐功能，防爆等级可达ⅡC 级。操作柱主要由主箱、接线箱和支柱组成。其主箱和接线箱有的制成一体，有的制成分体，各有特点。其材质基本上是用铸造铝合金材料制造。内部由各种仪表、转换开关、按钮和信号灯等元件组成。可以根据不同需要进行组合。

（4）电磁铁

防爆电磁铁、防爆电磁阀、防爆电磁驱动器等，工作原理是在电磁场作用下，通过产生的电磁力来推动机械设备工作，一般作制动用。结构大部分为隔爆型，用铸钢或铸铁制造，防爆等级为ⅡBT6 级。其主要技术参数一般为推力或吸力（以 kg 计算）和通电持续率，切不可长期通电，否则容易过热造成危险。

（5）报警电器

在某些生产场合，往往需要一些灯光和声响来提示人们的行动，在含有爆炸性危险气体的环境中，这类电器就显得更加重要。主要有防爆指示灯、防爆电铃、防爆电笛、防爆蜂鸣器等产品，结构通常为隔爆型，用铸造铝合金制造，防爆等级可达ⅡCT6 级。其工作电压可分为直流 36～220 V，交流可达 380 V。

三、连接类电器

(1)接线箱

电气设备在使用中须经电线或电缆与供电网络连接起来,形成系统来完成其使用功能。但其连接导线或电缆不可能无限长,而且在连接过程中有很多地方需要串联、并联进行导线分接。防爆接线箱包括接线箱、接线盒、穿线盒、吊线盒、分线盒等(如图 6-5),其外壳主要由铸造铝合金制造。根据需要设有很多进线和出线引入装置,箱内装有接线端子,用来进行连接或分接之用。这类产品大部分制成隔爆型或增安型,体积有大有小,差异较大,防爆等级可达ⅡC 级。

图 6-5　防爆接线箱

(2) 连接件

防爆连接件主要功能是进行电缆连接和电缆分支之用。其主要产品为防爆插销和防爆电源插座箱。额定电压为 220～380 V,额定工作电流最大可达100 A,品种有两极、三极加中性线和接地线结构,其外壳由金属和塑料材质制成,防爆等级可达ⅡC 级。其内部主要由接插件组成,有的加装有带断点的开关,这个开关与接插件之间均具有连锁功能,即先断开开关后拔插,先插入插头后关合。不带开关的产品也具有先断开主回路后断开接地线,先插入接地线后插入主回路之功能。这都是为保证安全状态下操作。这类产品大部分是用手直接操作,所以对其绝缘性能要求一般较高,切不可忽视。

第五节　防爆灯具

任何一个工作场所和环境都必须采取照明措施,含有各种爆炸性混合气体的场所也不例外。防爆灯具就是用于可燃性气体和粉尘存在的危险场所,能防止灯具内部可能产生的电弧、火花和高温引燃周围环境里的可燃性气体和粉尘,从而达到防爆要求的灯具,也称作防爆灯、防爆照明灯。

一、防爆灯具的选型

防爆灯具的选用、安装、使用和维护均是保障防爆灯具长期安全、可靠、高效工作不可缺少的环节,必须予以充分的重视。

(1) 选用人员必须了解防爆灯具基本工作原理、熟识防爆标志。

(2) 根据爆炸性危险场所的等级,准确选择灯具的防爆类别、型式、级别与温度组别。

(3) 了解使用环境条件和工作要求,合理选择具有各种功能的防爆灯具。例如:户外使用的防爆灯具外壳防护等级至少达到 IP43 以上。在要求辨别颜色的场所,就不能选用高压汞灯和高压钠灯的防爆灯具,因为这两种光源显色性较差。

(4) 详细阅读产品使用说明书,了解产品的使用性能、注意事项以及产品局限性,了解产品所有标志的内容。如防爆合格证编号后有“X”符号,表示该灯具有特定的适用场所,应查阅产品使用说明书和铭牌,明确适用场所要求。

防爆灯具选型见表 6-9。

表 6－9　防爆灯具选型

爆炸危险区域与防爆结构 / 电气设备	1 区		2 区	
	隔爆	增安	隔爆	增安
固定式白炽灯	○	×		○
移动式白炽灯	△	—	○	—
固定式荧光灯	○	×	○	○
固定式高压水银灯	○	×	○	○
携带式电池灯	○	—	○	—
指示灯类	○	×	○	○

可燃性粉尘环境

电气设备	20 区或 21 区			22 区			
	尘密	正压	充油	正压	尘密	IP65	IP54
照明灯具	○				○		

表中符号意义如下："○"为适用；"△"为慎用；"×"为不适用；"—"为结构上不现实；无符号的一般不用。

二、防爆灯具分类

不同的可燃性气体混合物环境对防爆灯的防爆等级和防爆形式有不同的要求，更由于其使用场所很多，遍布各个生产角落，因而防爆灯具类产品数量大、品种多。

(1) 从用途分，防爆灯具大致可分为照明用、标志用、信号用、手提用等。

(2) 从光源分，可分为白炽灯、汞灯、钠灯、卤灯、镝灯和荧光灯等。

(3) 从结构分，大致可分为吊式、挂式、墙壁安装式、吸顶式、手提式、悬臂式等。

(4) 从防爆型式分，可分为隔爆型、增安型、正压型、无火花型和粉尘防爆型共 5 种主要类型，也可以由其他防爆型式和上述各种防爆型式组合型或复合型和特殊型。

从安装角度来说，防爆灯具类可以从 30°～90°内都能实现。从功率来说，可以从几十瓦到几百瓦。安装高度从地面开始到几米高，甚至更高。可以说，防爆灯具是所有防爆电气设备中产量最大，使用最多的产品。而且，由于其特定功能，造成了损耗大、更换量大的局面。这类产品的结构形状各异，变化很多，但从防爆性能方面来分，基本上是隔爆型为主，外壳材质以铸造铝合金为多，基本上可以满足在ⅡC 级以下场所的各种照明和显示功能的需要。

三、防爆灯具的防触电保护型式

防爆灯具按防触电保护型式可分为Ⅰ、Ⅱ、Ⅲ类。防触电保护是为防止防爆灯具外壳易触及零件带电，使人体触电或不同电位的导体触及产生电火花而引燃爆炸性混合物。

Ⅰ类——在基本绝缘的基础上，将易触及的正常工作时不带电的可导电部件都连接到固定线路中的保护接地导体上。

Ⅱ类——用双重绝缘或加强绝缘作为安全保护措施，无接地保护。

Ⅲ类——使用有效值不大于 50 V 的安全电压，并且其中不会产生高于此的电压值。

0 类——只依靠基本绝缘作为安全保护措施。

绝大部分的防爆灯具防触电保护型式为Ⅰ类灯具，只有少数为Ⅱ类、Ⅲ类灯具，例如：全塑防爆灯具，防爆手电筒(图 6-6)。

四、防爆灯具外壳的防护等级

为了防护尘埃、固体异物和水进入灯腔内，触及或积集在带电部件上产生跳火、短路或破坏电气绝缘等危险，有多种外壳防护方式起到保护电气绝缘的作用。

灯具设计的支撑面材料：室内防爆灯具可能安装在许多普通可燃材料表面，如木质的墙和天花板，它们不允许防爆灯具安装表面的温度超过安全数值。根据防爆灯具是否可直接安装在普通可燃材料表面可分为两类：一类为仅适宜于安装在非可燃表面的灯具；另一类为适宜于直接安装在普通可燃材料表面的灯具，有标记符号。

图 6-6　可携式防爆灯

五、光源选择

白炽灯目前虽仍有较多使用，但由于发光效率低、寿命较短，正逐渐被其他光源所替代。其中应用较多的是单插头无启动器荧光灯和自镇流高压汞灯以及高压钠灯。

单插头无启动器荧光灯是一种冷阴极气体放电灯，发光原理是利用电极间的放电使汞原子产生紫外线辐射，从而激发灯管内壁荧光物质发光。这种荧光灯发光效率较高(约为白炽灯的 3 倍)，使用寿命较长，启动时不需要启动器(通常在灯管壁上有一条导电层，称为起辉层，荧光灯的起辉靠它来完成；当灯管破裂时起辉层也被破坏，灯即熄灭)，阴极温度较低(约 200℃左右)，是一种安全实用的光源，非常适合制成增安型照明灯具。

自镇流高压汞灯是利用高压汞蒸气放电以及白炽体和荧光质三种物质发光的混合光源灯。它具有亮度高、结构简单、启动速度快等优点。改变了以往的高压汞灯需要外加镇流器的缺点，利用钨丝来起到限流的作用，同时也改善了光色。其缺点是寿命相对于普通荧光高压汞灯要缩短一些。高压钠灯是一种高压钠蒸气放电灯，具有发光效率高、耗电少、透雾能力强、寿命长等优点。

高压钠灯虽有一定的节能效果，但由于其显色性较差，在生产装置中一般不予采用，只用在道路照明上。有时为了改善高压汞灯发出的直白光色，也可在生产装置内掺装一些高压钠灯。对于需要显色性好的高强度照明场所(如大机组设备的现场检修)，可以选用防爆投光灯，其光源一般用金属卤化物灯，额定功率可达到1 000 W以上。

六、防爆结构型式

防爆灯具的防爆结构型式，要根据爆炸性气体环境的区域等级及范围决定，如 1 区范围内必须采用隔爆型灯具；2 区内的固定灯具可采用隔爆和增安型，移动式灯具必须采用隔爆型。所选防爆灯的级别或组别，不应低于爆炸危险环境中爆炸混合物级别和组别。同时要考虑环境对防爆灯的影响，应满足环境温度、空气湿度、腐蚀或污染性物质等各种不同环境的要求。要根据不同的环境要求选择灯具的防护等级和防腐等级。

尤其是在爆炸性气体环境中存在腐蚀性气体时，选择具有相应防腐性能的灯具是至关重要的。

以前，在石化企业中，爆炸危险场所的照明灯具主要使用隔爆型。随着增安型电气设备在 2 区爆炸危险场所的广泛应用，增安型和复合型照明灯具也越来越多地被使用。增安型的灯具在具有一定防爆性能的基础上，同隔爆型灯具相比，具有重量轻、价格低、安装维护方便、使用寿命长等优点。在石化企业使用最普遍的复合型电气设备是增安—隔爆复合型防爆电气设备，一般由隔爆部件、增安型接线端子和增安外壳三部分组成，它既有隔爆型的安全性能，又具有增安型的优点。

七、防爆灯具示例

(1) BLL59 防爆照明灯(图 6－7)

使用危险区域：可燃性气体和可燃性粉尘可能同时出现或分别出现在 1 区、2 区、20 区、21 区、22 区。

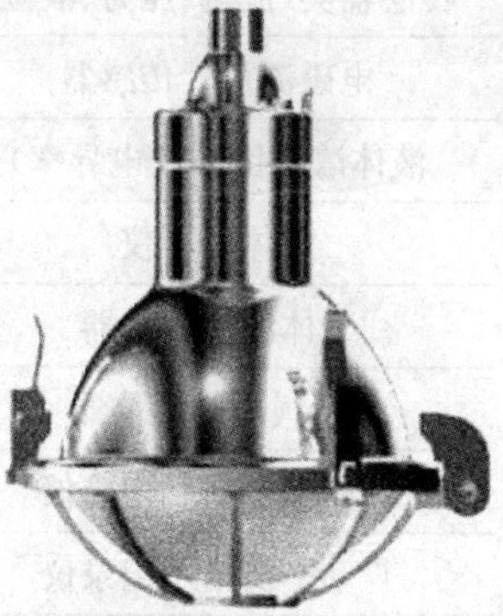

图 6－7　防爆照明灯

(2) 防爆投光灯(图 6－8)

内部配置：E40、E27 防爆灯座。

结构描述：耐酸硅橡胶密封垫，按链式开启。

反光罩：高纯铝，高反光率。

安装形式：DR 顶式、管吊式、壁挂式、平台式、路灯式。

防爆标志：ExnAⅡT3－T4/DIPA20TA，T3－T4(不适用 1 区)，ExeⅡT3－T4/DIPA20TA，T3－T4。

防护等级：IP66。

额定工作电压：AC220V/AC230V。

功率：28W～300W。

防腐等级：F2。

进线口螺纹：G3/4。

电缆外径：直径 7～直径 14。

光源：高压钠灯、金卤灯、高压汞灯、自镇汞灯、白炽灯、节能灯。

图 6－8　防爆投光灯

第六节　其他防爆电器及涉电器具

在复杂的生产过程中往往会遇到许多的特殊要求，对此需制造出特殊的防爆电器。有的器具本身不是电气装置或设备，但是有些部件工作时会通过一定的电流，因此也可能产生电火花，也可能因电流的作用产生高温表面。这些特殊要求的防爆电器及因为涉电也有防爆要求的器具，虽然产量少，或要求特殊，或属非标准类产品，但仍应将其归纳为防爆其他类。

一、其他防爆电器及涉电器具选型

其他防爆电器及涉电器具选型见表 6－10。

表 6-10　其他防爆电器及涉电器具选型

爆炸危险区域与防爆结构 / 电气设备	0 区	1 区					2 区				
	本质安全	本质安全	隔爆	正压	充油	增安	本质安全	隔爆	正压	充油	增安
热敏电阻、热电偶	○	○	○		—	×	○	○	—	—	
传感器类(流量、压力、液位)	○	○	○		—	×	○	○		—	△
电磁流量计传感器	—	○	○		—	×	○	○			△
液体浓度仪(pH 电导率)	○	○	○		—	—	○	○		—	—
气体分析仪	—	○	○	○	—	×	○	○	○	—	△
气体浓度报警器	—	—	○	—	—	×	—	○	—	—	—
电、气阀门定位器	○	○	○	—	—	×	○	○		—	△
动圈指示器和记录仪	○	○	○		—	×	○	○		—	○
自动平衡指示记录仪	—	—	○	○	—	×	—	○	○	—	
变送器、运算器类	—	—	○	○	—	×	—	○	○		
信号、报警、通讯装置	○	○	○	○		×	○	○	○		○
车辆用蓄电池	—	○	—	—		×	—	○	—		○
半导体整流器	—	—	△	△		×	—	○	○		△
插座式连接器	—	—	○	—			—	○	—		—
接线盒	—	—	○			×	—	○			○

可燃性粉尘环境

电气设备		20 区或 21 区			22 区			
		尘密	正压	充油	正压	尘密	IP65	IP54
电器和仪表	固定安装	○	○	○			○	
	移动式	○	○				○	
	携带式	○					○	

表中符号意义如下:"○"为适用;"△"为慎用;"×"为不适用;"—"为结构上不现实;无符号的一般不用。

二、其他防爆电器及涉电器具举例

(1) 防爆风扇

主要包括防爆吊扇、防爆排风扇和防爆轴流风机等,其结构由防爆电机、防爆接线盒和防爆调速控制器及叶片组成。其额定工作电压一般为 380V,防爆等级可达ⅡBT4 级。

(2) 具有发热功能的防爆电器

石化企业在生产过程中经常需要一些加热设备和电气取暖设备,主要有防爆电暖器、防爆加热器。防爆发热设备主要元件为绕组、控制器和接线盒等元件组成,而且往往具有对温度进行控制或监视的保护功能。此类产品基本上为隔爆型,防爆等级为ⅡBT4 级。

(3) 其他类

之所以称为“其他类”，是因为名目繁多，难以归类，或这里也无需作繁琐的分类，如：电工仪表、温度变送器、压力变送器、速度变送器、液位计、定量控制仪、点火装置、摄像机等。这些电器或涉电器具基本上是以生产需要而制造的，尽管其性能要求各不相同，但大部分产品为金属制作的外壳，其型式为隔爆型或增安型结构，也有很少一部分产品为本质安全型，其工作电压和工作电流一般都比较低，防爆等级为ⅡCT6级。

应当指出的是，还有一些产品，如变径接头、密封接头、管接头、活接头、挠性连接管等产品，很多制造厂将它们也列为防爆产品，这是一个错误认识。这些产品只能称之为防爆电器的辅助件。

第七章　危险场所电气安装

第一节　基本概念及通用要求

一、基本概念

当电气设备安装的场所，可燃性气体、蒸气、雾、纤维或粉尘的危险浓度和数量在环境中可能存在时，应采取保护措施，减少在正常运行或规定的故障条件下由于电弧、火花或热表面将其引燃而产生爆炸。因此，必须对电气安装进行精心的设计，精心地施工作业，使电气安装造成的点燃源降低到可接受的水平上。

危险场所中电气设备的安装，包括永久的、临时的、移动的、车载的或手提的电气设备。

二、通用要求

电气设备应尽可能地安装在非危险场所，因为安装在非危险场所将使问题变得比较简单，对安装、检修、运行都非常有利。如不可能时，则应安装在危险最小的场所。

危险场所的电气安装，不管是哪种防爆型式的电气设备，在遵守普通电气设备的安装规范的同时，还要特别注意防爆电气设备的特殊性，符合非危险场所安装的相应要求。

电气设备不仅应按规定的技术文件进行安装，还应注意确保其更换项目，如更换灯泡，其型式和额定值正确；如果使用荧光灯管，当灯管在使用场所中运输或灯管替换之前，使用场所不应存在ⅡC类气体/蒸气，除非采取合适的预防措施防止灯管破碎。低压钠灯不应使用于任何危险场所，因为它破碎后，灯中的钠就具有引燃危险。

电气线路应敷设在爆炸危险性较小的区域或距离释放源较远的位置，避开易受机械损伤、振动、腐蚀、粉尘积聚以及有危险温度的场所，当不能避开时，应采取预防措施。

为对电气设备进行正确的安装、扩建，要注意以下事项：

(1) 要充分了解技术文件

① 危险场所分类的文件；

② 设备安装和连接的说明书；

③ 特殊情况下，如合格证号后缀有“X”的电气设备的文件；

④ 本质安全系统用的说明性系统文件；

⑤ 制造厂的或有资格的人员的声明。

(2) 设备的检查和基本技术要求

① 安装前，应全面检查设备的完整性，清理设备内部及相关连接部件；

② 安装前，还应检查电气设备的绝缘性能，旋转运动部件的活动状态；

③ 机械安装应该牢固可靠，不应在运行过程中发生松动现象；

④ 电气连接应该保证接触电阻最小，不得在运行中出现电接触不良现象；

⑤ 接线端子接线后爬电距离和电气间隙应该符合图样中的规定值；

⑥ 电气设备的内、外接地和等电位连接应该可靠有效。

第二节　供电系统和电气保护

一、供电系统

在电力供电系统中，通常采用 3 种供电制式：三相五线制、三相四线制和三相三线制。这些供电制式中，电源与用电设备之间的电气连接及保护性接地系统是各不相像的。

普通工业或民用供电系统接地的主要目的是保障人和设备的安全。然而，在爆炸性气体环境中，系统接地，除上述的目的外，还必须防止可能出现的点燃爆炸危险。

对于交流电压 1 000 V(有效值)或者直流电压 1 500 V 以下的电气系统，系统的接地的基本模式有三种：TN 系统、TT 系统和 IT 系统。

(1) TN 系统

在这种接地系统中，电源侧有一点直接接地，用电设备的外露导电部件通过中性导体或保护性导体也直接接地。TN 系统又可分为以下三种形式：TN－S 系统、TN－C 系统和 TN－C－S 系统。

① TN－S 系统

在 TN－S 系统中，整个系统的中性导体(N)和保护性导体(PE)是分开设置的，即从电源侧开始中性导体和保护性导体分别与电气设备连接。TN－S 系统如图 7－1 所示。

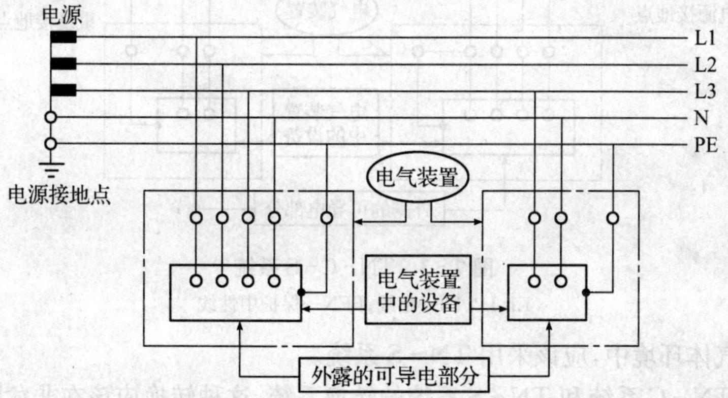

图 7－1　TN－C－S **系统**

L1、L2、L3—相线；N—中性线；PE—保护性接地线

② TN－C 系统

在 TN－C 系统中，整个系统的中性导体(N)和保护性导体(PE)是合二为一设置的，被称为保护中性导体，即从电源侧开始中性导体和保护性接地导体共用一根导线与电气设备连接。TN－C 系统如图 7－2 所示。

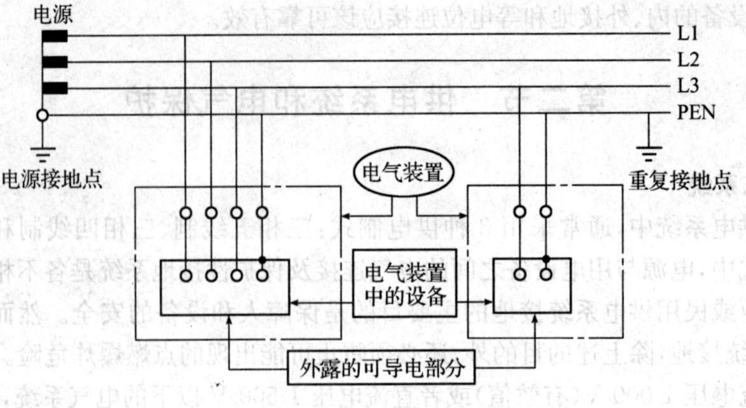

图 7-2　TN-C 系统

L1、L2、L3—相线；PEN—保护中性线

③ TN-C-S 系统

在 TN-C-S 系统中，系统的中性导体和保护性导体，一部分是合二为一设置，另一部分是分开设置的。TN-C-S 系统如图 7-3 所示。

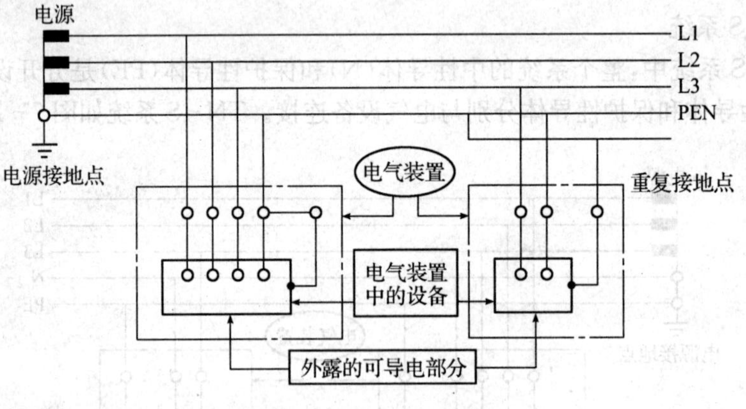

图 7-3　TN-C-S 系统

L1、L2、L3—相线；PEN—保护中性线

在爆炸性气体环境中，应该采用 TN-S 系统。

假若采用 TN-C 系统和 TN-S 系统的转换系统，这种转换应该在非危险场所进行，在那里将保护性接地线连接到等电位系统中。

在危险场所中，还应考虑到中性点的电位不平衡的问题。因为用电负荷的不平衡将会导致中性点电位升高，不处在地电位（0 电位），于是，中性线和保护性接地线之间就产生一个电位差。显然，这可能有危险性。

(2) TT 系统

在 TT 系统中，电源侧有一点直接接地，用电设备的外露导电部分也直接接地，两个接地点在电气上是相互独立的。TT 系统如图 7-4 所示。

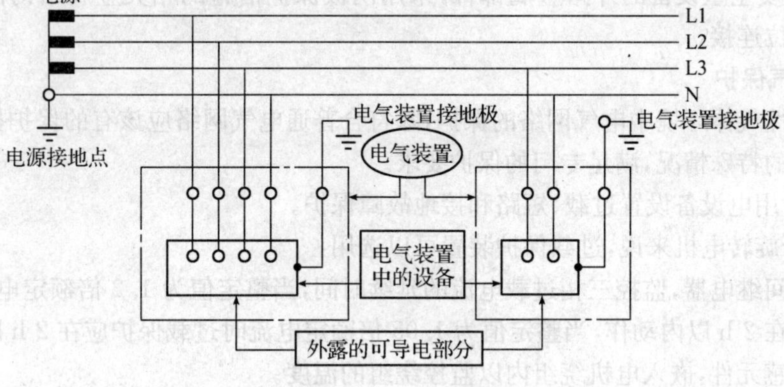

图 7-4　TT 系统

L1、L2、L3—相线；N—中性线

在爆炸性危险场所的 1 区中，如果采用 TT 系统时，人们应该在电源侧设置漏电保护装置进行电源保护，接地电阻高的地方不允许使用这种系统。

(3) IT 系统

在这种系统中，电源侧不直接接地或通过高阻抗接地，用电设备的外露导电部分直接接地。IT 系统如图 7-5 所示。

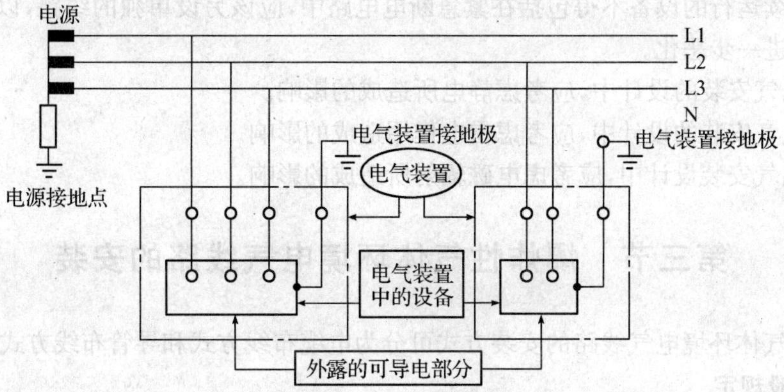

图 7-5　IT 系统

L1、L2、L3—相线

假若在爆炸性危险场所中使用这种接地系统，应该在系统中设置绝缘监测装置，实时监测接地故障。

(4) 等电位连接

爆炸性危险场所中的电气安装，要求各个可能成为导电部件的金属结构件进行等电位连接，以保证这些结构件不管在任何情况下都处于同电位(地电位)。

在 TN 系统、TT 系统和 IT 系统中，所有外露的导电部件，例如，保护性导线、金属导管、电缆的金属护套、铠装电缆的铠装金属丝(铠装金属带)和所有装置的金属结构件，都必须可靠地连接在等电位系统中。但是，中性导体(中性线)不得进行等电位连接。

在这种连接中，假若外露的导电部件安装在接地的金属结构件上，并同金属结构件保持“金属”接触的话，可以不再单独进行这种等电位连接。

“i”本质安全型设备的外露金属部件，采用阴极保护措施的相关金属结构件，也没有必要进行等电位连接。

二、电气保护

在爆炸性气体环境中电气网络的保护，除符合普通电气网络应该有的保护措施外，应根据这种环境的特殊情况，满足专门的保护要求。

① 应对用电设备设置过载、短路和接地故障保护。

② 对于旋转电机来说，过载保护装置可以选用：

延时时间继电器，监控三相过载电流的延续时间，当整定值为 1.2 倍额定电流时过载保护装置应该在 2 h 以内动作，当整定值为 1.05 倍额定电流时过载保护应在 2 h 以内不动作。

温度传感元件，嵌入电机绕组内以监控绕组的温度。

其他的等效元器件或装置，例如，熔断器等。

此外，还应该防止三相电动机在断相情况下运行。

③ 对于变压器来说，必须配置过载保护装置，除非原边在额定电压和额定频率条件下副边发生的持续短路电流不会造成不允许的危险温度，或者副边不可能发生短路。

④ 短路和接地故障的保护装置不应该在故障没有排除之前自动重新合闸。

⑤ 对爆炸性危险场所供电，应该配置紧急断电措施和电气隔离措施。

⑥ 紧急断电措施应该设置在危险场所以外，在紧急情况下操作断电。但是，在危险场所中必须连续运行的设备不得包括在紧急断电电路中，应该另设单独的线路，以防止危险场所事故状态进一步恶化。

⑦ 在电气安装的设计中，应考虑静电所造成的影响。

⑧ 在电气安装的设计中，应考虑雷电作用造成的影响。

⑨ 在电气安装设计中，应考虑电磁辐射所造成的影响。

第三节　爆炸性气体环境电气线路的安装

爆炸性气体环境电气线路的安装方式可分为电缆布线方式和导管布线方式。

一、一般规定

(1) 安装环境

10 kV 及以下架空线路严禁跨越爆炸性气体环境；架空线与爆炸性气体环境水平距离，不应小于杆塔高度的 1.5 倍。

在 −5℃安装时，PVC 电缆应采取措施防止电缆护套或绝缘材料受损害。

除加热带外，应避免电缆金属铠装/护套与有可燃性气体、蒸气或液体管道系统之间的偶然接触，利用电缆上非金属外护套进行隔离通常可避免这种偶然接触。

电缆及其附件在安装时，根据实际情况其位置应能防止受外来机械损伤、腐蚀或化学影响(例如溶剂的影响)，以及高温作用。如果上述情况不能避免，安装时应采取保护措施，例如使用导管或对电缆进行选型(为了使其损害降低到最小，可使用铠装电缆、屏蔽线、无缝铝护套线、矿物绝缘金属护套或半刚性护套电缆等)。

设置电缆的通道、导管、管道或电缆沟，应采取预防措施防止可燃性气体、蒸气或液体从这一区域传播到另一个区域，并且阻止电缆沟中可燃性气体、蒸气或液体的聚集。这些措施包括通道、导管或管道的密封。对于电缆沟,可使用充足的通风或充砂。

通过危险场所的电路从非危险场所穿过危险场所到另一场所时,危险场所中的管线系统应适合于该区域。

危险和非危险场所之间墙壁上穿过电缆和导管的开孔应充分密封,例如用砂密封或用砂浆密封。

(2) 电压

选用的低压电缆或绝缘导线,其额定电压必须高于线路工作电压,且不得低于 500 V。

(3) 工艺

无护套单芯电线,除非它们安装在配电盘、外壳或导管系统内,不应用作导电配线。

绝缘导线必须敷设于导管内。导管和在特殊情况下的电缆(如存在压力差)应密封,防止液体或气体在导管或电缆护套内通过。

在危险场所中使用的电缆不能有中间接头。当不能避免时,除适合于机械的、电的和环境情况外,连接应该:

① 在适应于场所防爆型式的外壳内进行;或配置的连接不能承受机械应力,应按制造厂说明,用环氧树脂、复合剂或用热缩管材进行密封。除本质安全系统用电缆外,后一种方法不能在 1 区使用。

② 除连接隔爆设备导管中或本安电路中导线连接外,导线连接应通过压紧连接、牢固的螺钉连接、熔焊或钎焊方式进行。如果被连接导线用适当的机械方法连在一起,然后软焊是允许的。

如果使用多股绞线尤其是细的绞合导线,应保护绞线终端,防止绞线分散,可用电缆套管、芯线端套或用定型端子的方法,但不能单独使用焊接方法。

符合设备防爆型式的爬电距离和电气间隙不应因导线与端子连接而减小。

为处理紧急情况,在危险场所外合适的地点或位置应有一种或多种措施对危险场所电气设备断电。为防止附加危险,必须连续运行的电气设备不应包括在紧急断电电路中,而应安装在单独的电路上。

为保证作业安全,应对每一电路或电路组采取适当方法进行隔离(例如隔离开关,熔断器和熔体),包括所有电路导体,也包括中性线。并应立即采取与隔离措施一致的标签对被控制电路和电路组标识。

裸露非保护导体对爆炸性环境产生危险仍持续时,应有有效措施或程序来阻止对电气设备恢复供电。

二、电缆布线

(1) 0 区电缆系统

本质安全型“ia”的电缆安装要求:

本质安全电路用电缆的绝缘应能承受导体对地、导体对屏蔽和屏蔽对地至少为交流 500 V的试验电压。

对所有使用的电缆应知道电缆的电气参数:电缆分布电容(CC)和电缆分布电感(LC),或者电缆分布电容(CC)和电缆分布电感与电缆电阻的比值(LC/RC),或接受其制造厂规定的最不利情况下的数值。

带本质安全电路的安装应使其本质安全性不受外界电磁场的干扰,例如附近上方供电线路或单芯电缆大电流的影响，这可以通过如屏蔽、绞合电缆或与电磁场保持足够距离来实现。电缆无论在危险区域还是在非危险区域，应满足以下要求：

① 本质安全电路电缆与非本质安全电路电缆隔离；

② 本质安全电路电缆在布置时防止受机械损伤危险；

③ 本质安全或非本质安全电路电缆为铠装、金属护套或屏蔽。

④ 本质安全电路导线与非本质安全电路导线不应为同一电缆。

绑扎在同一束本质安全电路导线和非本质安全电路导线间应该用绝缘层或接地金属进行隔离。

有本质安全电路导线的电缆应标示出来。如果护套或表层用颜色标志，该颜色应为淡蓝色，该标志的电缆不应用于其他目的。如果本质安全或非本质安全电路电缆已有铠装、金属护套或屏蔽，不需要再做标志。

用于 0 区的其他设备的电缆应特殊批准。

(2) 1 区、2 区电缆系统

① 固定式设备用电缆

热塑护套电缆、热固护套电缆、合成橡胶护套电缆或矿物绝缘金属护套电缆可用于固定式线路。

② 手提式和(或)移动式设备用电缆

手提式和(或)移动式设备应使用含有加厚的氯丁橡胶或其他与之等效的合成橡胶护套电缆、含有加厚的坚韧橡胶护套的电缆或含有同等坚固结构护套的电缆。导线横截面积最小为 1.0 mm^2。如需要电气保护导线，应与其他导线绝缘方式相同，并且应与其他导线并入电源电缆护套中。

对地电压不超过 250 V，额定电流不超过 6 A 的手提式电气设备可以采用普通橡套电缆、普通的氯丁橡胶护套电缆，或具有同等耐用结构的电缆。对于承受强机械力作用的手提式或移动式电气设备，例如，手灯、脚踏开关、桶式喷雾泵则不允许采用这些电缆。

对手提式或移动式电气设备，如果电缆中使用金属柔韧性铠装或屏蔽，则铠装或屏蔽不应单独作为保护导线使用。

(3) 阻燃性能

固定布线电缆的阻燃性能应符合相关标准的要求。除非电缆埋在地下、充砂导管内或采取其他防止火焰传播措施。

(4) 软电缆

危险场所用软电缆应选用下列电缆：

① 普通橡胶护套软电缆；

② 普通氯丁护套软电缆；

③ 加厚橡胶护套软电缆；

④ 与加厚橡胶护套软电缆绝缘耐压相当的塑料护套软电缆；

⑤ 加厚氯丁护套软电缆。

(5) 外部影响

电缆及其附件在安装和使用时，根据实际情况应能防止受到外来机械损伤、腐蚀或化学影响。

电缆穿过不同区域应采取下列隔离措施：

① 两区域交接电缆沟内应采取分段充砂、填阻火堵料或加防火隔墙等措施；

② 电缆通过与相邻区域共有的隔墙、楼板、地坪及易受机械损伤处，均应加以保护；留下的孔洞应严密堵塞；

③ 电缆在区域界面(隔墙、楼板、地坪)有保护管的，须在保护管两端用阻火堵料严密堵塞，填塞深度不得小于管子内径，且不得小于 40 mm。

三、导管布线

允许使用的导管：

① 配线导管应采用低压流体输送用镀锌焊接钢管。

② 与隔爆外壳相关的导管应按以下选型：

a) 重规螺纹钢管、无缝钢管或符合相关标准规定的焊缝钢管；

b) 挠性金属导管或复合材料结构，例如金属导管具有塑料或合成橡胶套(有国家检验机关颁发防爆合格证书的)。

导管与导管、导管与导管附件及导管与电气设备间须用螺纹连接。电气管路之间不得采用倒扣连接。导管与电气设备间的连接应满足相应的防爆型式要求，示例参见图 7-6。

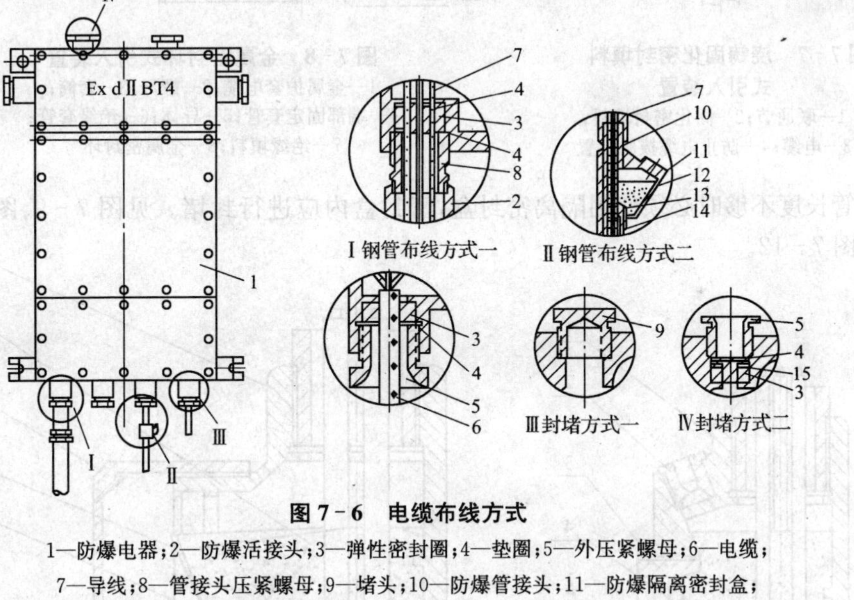

图 7-6　电缆布线方式

1—防爆电器；2—防爆活接头；3—弹性密封圈；4—垫圈；5—外压紧螺母；6—电缆；7—导线；8—管接头压紧螺母；9—堵头；10—防爆管接头；11—防爆隔离密封盒；12—粉剂密封填料；13—堵料；14—钢管；15—堵片

钢管连接螺纹加工应光滑、完整、无锈蚀，在螺纹上应涂电力复合脂或导电防锈脂。不得在螺纹上缠麻或绝缘胶带及涂其他油漆。

导管系统在下列情况下使用隔离密封件：

① 钢管通过不同危险区域相邻的隔墙时，应在隔墙的任何一侧装设横向式隔离密封件。

② 钢管通过楼板或地坪引入其他区域时，均应在楼板或地坪的上方装设纵向式隔离密封件。

③ 在正常运行时，所有有点燃源外壳的 450 mm 范围内。

④ 含有分接头、接头、电缆头或终端的外壳，与直径为 50 mm 以上导管连接的地方；导管所有螺纹连接处应严密拧紧。

⑤ 易积聚冷凝水的管路，应在其垂直段的下方装设排水式隔离密封件，排水口应置于下方。

隔离密封件应采用填料填塞，填料凝固后应不透水，不收缩，没有裂纹，例如密封胶、密封泥、环氧树脂、密封纤维等。隔离密封件作为防爆电气设备外壳的一部分，则整个部件应经防爆认证并符合相应的防爆型式。

防爆电气设备的外接引入装置应根据不同的防爆型式进行密封，示例见图7-7、图7-8。

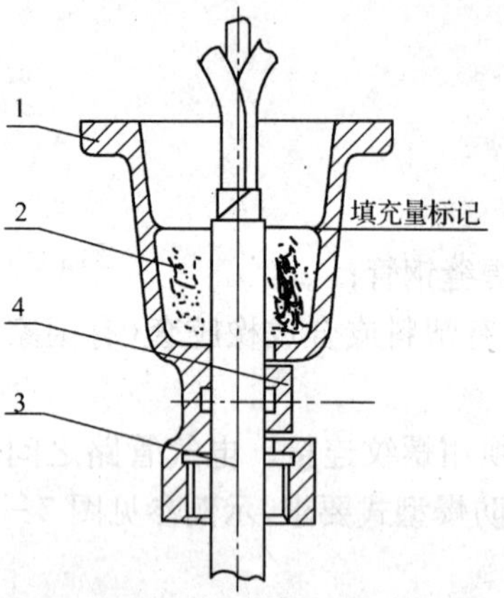

图 7-7　浇铸固化密封填料式引入装置

1—联通节；2—固化密封填料；3—电缆；4—防止电缆拔脱装置

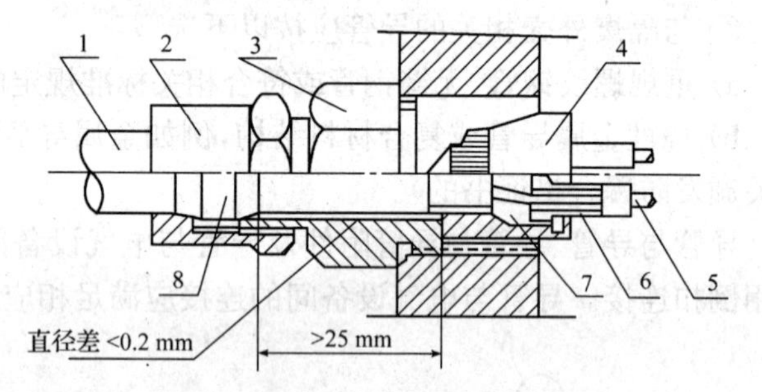

图 7-8　金属密封环式引入装置

1—金属护套电缆；2—螺母；3—套筒；4—端部固定套管；5—导体；6—绝缘套管；7—绝缘填料；8—金属密封环

导管长度不够时必须使用隔离密封盒，密封盒内应进行封堵。见图 7-9、图 7-10、图 7-11、图 7-12。

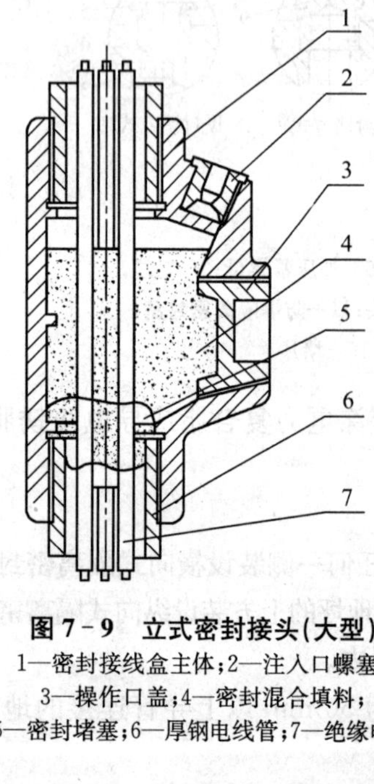

图 7-9　立式密封接头(大型)

1—密封接线盒主体；2—注入口螺塞；3—操作口盖；4—密封混合填料；5—密封堵塞；6—厚钢电线管；7—绝缘电线

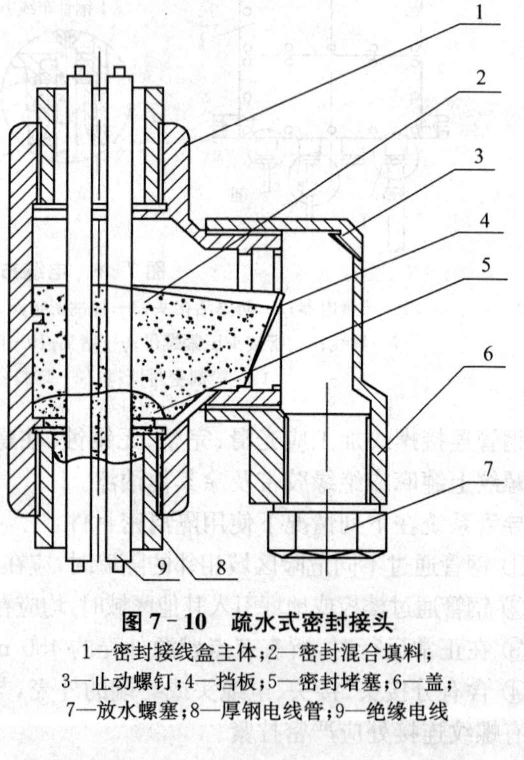

图 7-10　疏水式密封接头

1—密封接线盒主体；2—密封混合填料；3—止动螺钉；4—挡板；5—密封堵塞；6—盖；7—放水螺塞；8—厚钢电线管；9—绝缘电线

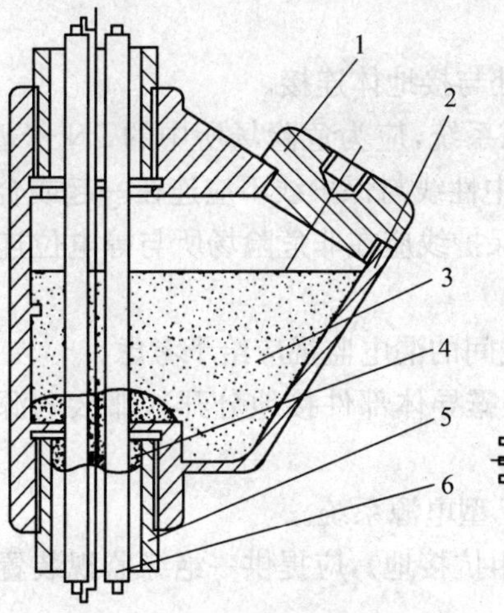

图 7－11　立式密封接头(小型)

1—操作口兼注入口螺塞；
2—密封接线盒主体；3—密封混合填料；
4—密封堵塞；5—厚钢电线管；6—绝缘电线

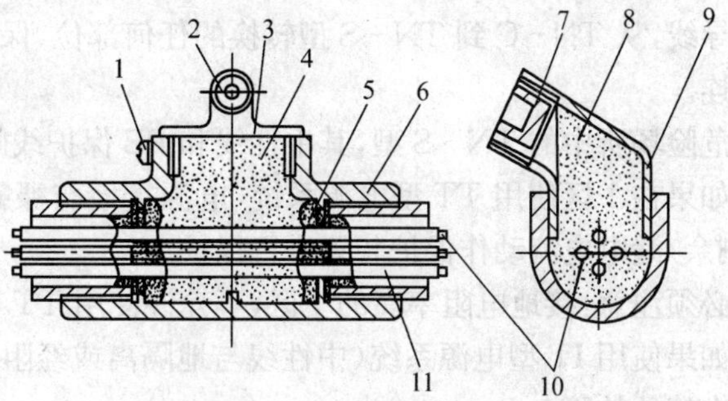

图 7－12　卧式密封接头

1—止动螺钉；2—注入口螺栓；3—操作口盖；
4—密封混合填料；5—密封堵塞；6—接线盒主体；
7—注入口螺钉；8—密封混合填料；9—操作口盖；
10—绝缘电线；11—厚钢电线管

导线在隔离密封盒内不得有接头。

隔离密封件中填料厚度应至少等于导管直径，最少不小于 16 mm。

导管内含有多根电线或电缆时，电线或电缆总截面积不超过导管截面积的 40%。

导管通过墙、楼板、地坪时隔离密封件与墙面、楼板、地坪的距离不应超过300 mm，并应将孔洞严密堵塞。

导管系统中下列各处应设置与电气设备防爆型式相当的防爆挠性连接管：

① 电动机的进线口；

② 导管与电气设备连接有困难处；

③ 导管通过建筑物的伸缩缝、沉降缝处。

防爆挠性连接管应无裂纹、孔洞、机械损伤、变形等缺陷。其安装时应符合下列要求：

① 在不同的使用环境条件下，应采用相应材质的防爆挠性连接管；

② 弯曲半径不应小于管外径的 5 倍。

长距离布线的外壳应有排放装置，用于排放冷凝水，另外电线绝缘应有防水特性。

为了满足外壳防护等级要求，导管和外壳间应有密封措施(例如密封垫圈或螺纹密封剂)以及导管与导线间密封措施(例如密封附件)。

如果导管是唯一的接地措施，螺纹密封剂不应影响接地路径的有效性。

四、接地

电气设备的金属外壳、金属构架、金属配线管及其配件、电缆保护管、电缆的金属护套等非带电的裸露金属部分均应接地。

爆炸危险场所除 2 区内照明灯具以外所有的电气设备，应采用专用接地线；宜采用多股软绞线，其铜芯截面积不得小于 4 mm^2。金属管线、电缆的金属外壳等，可作为辅助接地线。中性点不接地系统，接地电阻值不大于 10 Ω；中性点接地系统，接地电阻值不大于 4 Ω。

在爆炸气体危险环境2区内的照明灯具，可利用有可靠电气连接的金属管线系统作为接地线，但不得利用输送易燃物质的管道。

接地干线应在爆炸危险区域不同方向不少于两处与接地体连接。

进入爆炸危险场所的电源，如果使用TN型电源系统，应为危险场所中的TN－S型（具有单独的中性线N和保护线PE），即在危险场所中，中性线与保护线不应连在一起或合并成一根导线，从TN－C到TN－S型转换的任何部位，保护线应在非危险场所与等电位连接系统相连。

危险场所中的TN－S型，其中性线和PE保护线间的漏电监视应给予考虑。

如果在1区使用TT型电源系统（电源接地与裸露导体部件接地分开），那么电源将使用（剩余）漏电电流动作保护装置进行保护。

必须注意：接地电阻率高的1区，不允许使用TT型电源系统。

如果使用IT型电源系统（中性线与地隔离或经阻抗接地），应提供一绝缘监视装置指示第一次接地故障。

局部等电位连接（通常称为附加等电位连接），是必要的。

铠装电缆引入电气设备时，其接地芯线应与设备内接地螺栓连接，其钢带或金属护套应与设备外接地螺栓连接。

在电气安装的设计和运行中，应考虑静电、雷电作用、电磁辐射等所造成的影响。

第四节　爆炸性气体环境防爆电气设备的安装

一、一般规定

(1) 符合性检查

防爆电气设备的类型、级别、组别、环境条件以及特殊标志等，应符合设计的规定。

防爆电气设备的铭牌、防爆标志、警告牌应正确、清晰。

防爆电气设备的外壳和透光部分应无裂纹、损伤。

防爆电气设备的紧固螺栓应有防松措施，无松动和锈蚀。

(2) 工艺

防爆电气设备宜安装在金属制作的支架上，支架应牢固，有振动的电气设备的固定螺栓应有防松装置。

防爆电气设备接线盒内部接线紧固后，裸露带电部分之间及金属外壳之间的电气间隙和爬电距离应满足表7－1的要求。

表7－1　裸露带电部分之间及金属外壳之间的电气间隙和爬电距离

电压(见注1) $U_{r.m.s}$ a.c.或d.c /V	最小爬电距离/mm			最小电气间隙/mm
	材料级别			
	Ⅰ	Ⅱ	Ⅲa	
10	1.6	1.6	1.6	1.6
12.5	1.6	1.6	1.6	1.6
16	1.6	1.6	1.6	1.6

续表

电压(见注 1)$U_{r.m.s}$a. c. 或 d. c /V	最小爬电距离/mm			最小电气间隙/mm
	材料级别			
	Ⅰ	Ⅱ	Ⅲa	
20	1.6	1.6	1.6	1.6
25	1.7	1.7	1.7	1.7
32	1.8	1.8	1.8	1.8
40	1.9	2.4	3.0	1.9
50	2.1	2.6	3.4	2.1
63	2.1	2.6	3.4	2.1
80	2.2	2.8	3.6	2.2
100	2.4	3.0	3.8	2.4
125	2.5	3.2	4	2.5
160	3.2	4	5	3.2
200	4.0	5.0	6.3	4.0
250	5	6.3	8	5
320	6.3	8.0	10.0	6.0
400	8	10	12.5	6
500	10.0	12.5	16.0	8.0
630	12.0	16.0	20.0	10
800	16.0	20.0	25.0	12
1 000	20	25	32	14
1 250	22	26	32	18
1 600	23	27	32	20
2 000	25	28	32	23
2 500	32	36	40	29
3 200	40	45	50	36
4 000	50	56	63	44
5 000	63	71	80	50
6 300	80	90	100	60
8 000	100	110	125	80
10 000	125	140	160	100

注 1:表中所示电压取自 GB/T16935.1。工作电压可以超过表中规定电压等级的 10%。这是基于 GB/T16935.1 的表 3B 中给出的供电电压的合理性。
注 2:表中所示爬电距离和电气间隙值是以电源最大工作电压公差±10%为基础。
注 3:10V 以下时,与 CTI 的数值无关,并且可以接受不符合Ⅲa 类要求的材料。

电气设备多余的电缆引入口应用适合于相关防爆型式的堵塞元件进行堵封。除本质安全设备外，堵塞元件应使用专用工具才能拆卸。

电气设备的电缆和导管连接应符合有关防爆型式的要求。

密封圈和压紧元件之间应有一个金属垫圈，压紧元件应满足产品说明书的要求，并应保证使密封圈压紧电缆或导线。

电缆外护套外径与密封圈内径的配合应适宜并满足产品说明书的要求，密封圈不应有老化现象。

(3) 照明灯具

灯具的安装，应符合下列要求：

① 灯具的种类、型号和功率，应符合设计和产品技术条件的要求；

② 螺旋式灯泡应旋紧，接触良好，不得松动；

③ 灯具外罩应齐全，螺栓应紧固。

防爆合格证书编号后缀有"U"符号的产品与其他电气设备或系统一起使用时，应先行进行附加认证方可安装使用。

电气设备防爆合格证书编号带有后缀"X"符号时，应注意其安全使用的特定条件。

二、隔爆型"d"的附加要求

(1)隔爆接合面

安装设备时，应注意防止隔爆接合面与固体障碍物之间的距离小于表 7－2 规定的数值，试验证明隔离距离可以更小的情况除外。

表 7－2 按照气体/蒸气分组的隔爆外壳接合面与障碍物间最小距离

气体分类	最小距离/mm
ⅡA	10
ⅡB	30
ⅡC	40

隔爆型电气设备隔爆面应有防腐措施。应防止水进入接合间隙。衬垫仅在文件规定允许时方可使用。接合面不得用使用中变硬的物质处理。安装时应防止损伤隔爆面。

适用的接合面保护措施：可使用非凝结性润滑脂或防腐剂。通常使用硅润滑脂比较合适，但在气体检测器上应慎用，特别应强调在选择材料时要保证其非凝固性，否则会影响接合面间的紧密性。

隔爆接合面的紧固螺栓不得任意更换，弹簧垫圈应齐全。

隔爆型电机的轴与轴孔、风扇与端罩之间在正常工作状态下，不应产生碰擦。

(2) 引入装置

电缆和导管引入系统须满足有关的设备标准要求，并保证隔爆外壳的整体防爆性能；电缆引入装置适合用于使用的电缆类型，保持相应的保护方式。

当电缆经隔爆绝缘套管穿过设备外壳进入设备时(间接引入)，外壳外边的套管部分应符合规定的防爆型式。通常，外露部分放在一个接线盒空腔内，该空腔可以是隔爆型 Ex"d"或增安型 Ex"e"。

电缆引入系统应满足下列条件之一：

① 电缆引入装置满足《爆炸性气体环境用电气设备 第 2 部分:隔爆型“d”》(GB3836.2—2000)的要求,并满足该设备使用的电缆具体型号要求;

② 致密和圆形的热塑性、热固性或弹性电缆具有挤压成的衬层和不吸水填料,可以使用隔爆型引入装置,并正确选择密封与之结合;

③ 有塑料外套或无塑料外套矿物绝缘电缆具有相应的隔爆型电缆引入装置;

④ 设备文件规定的隔爆型密封装置(例如填料盒或密封腔)或者有文件批准并且使用与使用电缆相适应的电缆引入装置。密封装置如填料盒或密封空腔应有密封填料或其他允许填充在芯线周围的相应密封。密封装置应配置在电缆引入设备的位置;

⑤ 隔爆型电缆引入装置应装填料密封各根芯线或其他等效密封措施;

⑥ 其他能保证隔爆外壳整体性的措施;

⑦ 如果设备连接在工厂制造时已胶封,不应再改动或更换电缆。

导管与隔爆外壳至少啮合五扣。

电气设备的电缆或导线引入口需用钢管连接时,宜用一个过渡压紧元件,达到先压紧密封圈后才可连接钢管,钢管连接有困难可增加活接头。

如果外壳专门设计用于导管连接而改用电缆连接,可用一个带有绝缘套管和接线盒的隔爆型转接器,通过导管与外壳连接,导管长度不超过 150 mm。电缆再连接到接线盒(例如隔爆型或增安型)中,而且应符合接线盒相应防爆型式的要求。

(3) 由变频和调压电源供电的电机

由变频和调压电源供电的电机要求:

① 按照电机有关标准规定埋入温度传感器,对温度进行直接控制或采用其他有效限制电机外壳表面温度的措施。在有些情况下,电机最高表面温度发生在电机轴上。对于增安型“e”接线盒的电机(组合型结构),如果使用高频脉冲输出,应注意接线盒内可能出现的过压峰值和产生的高温。

② 保护装置动作应能使电机断电。电机和变频器不需一起进行试验。

③ 电机作为一个工作单元应和变频器、保护装置一起按照有关标准规定进行型式试验。

三、增安型“e”的补充要求

(1) 防护等级

外壳内有裸露带电件的外壳防护等级应不低于 IP54,仅含有绝缘带电件的应不低于 IP44。安装在干净环境下并且通常有人管理的旋转电机防护等级不低于 IP20。

引入装置与电缆相适应使电缆与增安型设备有效连接。应能够保持防爆型式“e”并与密封元件一起使端子盒外壳达到 IP54。

(2) 工艺

接线盒内接线时应保证其规定的电气间隙和爬电距离,如果多根导体连接在一个接线端子上时,应注意保证每根都夹牢。

四、本质安全型“i”的附加要求

在安装本质安全电路时,其安装原则与其他类型的电气设备安装有着原则上的不同。这里要注意的是,把电能限制在设计规定的安装系统内,不会引起危险环境的点燃,保护本质安全电路的整体性能,免受其他电源的干扰,以便即使发生电路断路、短路或接地时也不会超过电路的安全能量极限值。

根据这一原则，本质安全电路电气安装规定的目的，要使本质安全电路和其他电路隔离。

安装在1区和2区的本质安全电路、本质安全电气设备和关联设备的本质安全部分应符合《爆炸性气体环境用电气设备　第4部分：本质安全型“i”》(GB 3836.4—2000)的要求，至少为“ib”类。

在0区安装本质安全电路、本质安全电气设备和关联设备应满足《爆炸性气体环境用电气设备　第4部分：本质安全型“i”》(GB 3836.4—2000)“ia”类的要求。优先采用本质安全电路与非本质安全电路电流隔离的关联设备。

本质安全型电气设备的安装应满足《爆炸性气体环境用电气设备　第15部分：危险场所电气安装(煤矿除外)》(GB 3836.15—2000)的要求。

五、正压外壳型“p”的补充要求

(1) 安装前检查

除进行整体检查之外，所有的安装应由专业人员检查其是否满足设备文件的要求和《危险场所电气防爆安全规范》(AQ3009—2007)的要求。

(2) 保护气体进出

保护气体进入管道的位置应设在非危险区，罐装保护气体除外。

保护气体管道出口应设在非危险区，否则应考虑按表7-3的要求安装能阻止火花和颗粒的装置(该装置用于防止具有点燃能力的火花和颗粒吹出)。

供压设备，如风机和压缩机保护气体入口，应安装在非危险区。如果驱动电机和(或)其控制装置在供气管道内，或不可避免装在危险区域内，这些供压设备应有相应的防爆措施，如阻挡火花和颗粒的装置。阻挡火花和颗粒装置的要求见表7-3。

表7-3　阻挡火花和颗粒装置的要求

管道出口区域	设备	
	A	B
2区	要求	不要求
1区	要求a	要求a

符号：A——正常运行条件下产生具有点燃能力火花的设备；
　　　B——正常运行条件下不产生具有点燃能力火花的设备。

a 如果在正压出现故障时设备的温度有点燃危险，正压外壳内应安装保护装置防止可燃性气体很快进入正压外壳内。

(3) 纠正措施

没有内部释放源设备的安装，在出现保护气体故障时，应满足表7-4的要求。有内部释放源的设备安装应按照制造厂说明书进行，万一出现保护气体故障，应发警报并采取纠正措施保证系统的安全。

表 7-4　在出现保护气体故障时对无内部释放源设备采取的措施

区域划分	外壳内安装有无正压时不适应 2 区的设备	外壳内安装有无正压时适应 2 区的设备
2 区	报警	不采取措施
1 区	报警并断电	报警

1:如果报警,立即采取措施恢复整个系统供气;
2:如果自动断电引起更大的危险,应采取其他措施,例如加倍供应保护气。

(4) 换气(冲洗)

正压型电气设备在开启前,首先要进行换气程序。所谓换气是指用足量的保护气体通过正压外壳及管道,使爆炸性气体混合物降至爆炸下限以下的过程。

换气对正压外壳及管道进行冲洗,使壳体及管道内无爆炸性气体混合物后才能通电。当进入正压型电气设备外壳及管道的最小保护气体流量确定后,为达到最短换气冲洗量的时间称为最短冲洗时间。换气过程只需控制最短冲洗时间即可完成。

制造厂规定的正压外壳最短冲洗时间,应增加制造厂规定的管道单位体积最小附加冲洗时间乘以管道容积所得的时间。

对于在换气过程中实现控制目的的电气系统,如安装在危险环境,应采用适合的防爆机构型式,保证正压型电气设备的安全性。

在 2 区,如果外壳和其管道内部的环境远远低于爆炸下限(例如爆炸下限的 25%),则可以不进行冲洗。此外,可以利用气体探测器检查正压外壳内的气体是否是可以燃烧的。

用作冲洗、正压及连续稀释的气体应为非可燃性、无毒性气体,并且不含湿、油、粉尘、纤维、化学剂、可燃物或其他杂质的,这些因素可能对设备整体性和运行产生危险或不利影响。通常使用空气,有时用惰性气体。保护气体氧气含量不应比空气中含量高。

如果使用空气作为保护气体,气源应在非危险区,并且选择位置上应能降低空气被混杂危险,应考虑附近建筑物由于风向、风速变化可能产生的影响。

保护气体入口处的温度通常不应超过 40℃(特殊情况,可使用更高或更低温度的气体,但应在正压外壳上做出标志)。

防止出现可燃性气体或蒸气通过扩散侵入布线系统或保护气体通过布线系统泄漏,布线系统应密封起来。

必须注意:在冲洗时管道的出口可能存在一个小的危险区。

(5) 共用安全装置

当多个正压外壳共用一个保护气体气源时,只要合成控制考虑了这组外壳最不利的布置情况,一个或几个安全装置可以是公用的。如果安装一个安全装置,必须符合下面三个条件,打开门(盖)时就可不必关闭正压外壳内的所有电气设备或发出报警信号:

① 对于 px 型,打开门(盖)之前应断开特定的正压外壳中电气设备的供电电源(在正压外壳内 px、py 或 pz 防爆型式不起作用时仍可能带电的电气设备采用了其他符合规定的适当的防爆型式者除外);

② 公用安全装置连续监测本组所有其他正压外壳内的正压,必要时监测气流;

③ 对特定的正压外壳内电气设备供电之前先进行正确的换气程序。

六、对充油型“o”的附加要求

(1) 安装前检查

充油型电气设备的油箱、油标应无裂纹及渗油漏油，油面应在油标线范围内。

充油型电气设备的排油孔、排气孔应通畅，不得有杂物。

(2) 工艺

充油型电气设备的安装应垂直，其倾斜度不应大于5°。

充油型电气设备温度组别为T1～T5的油面最高温升60℃，温度组别为T6的油面最高温升40℃。

七、对使用在2区设备的补充要求

(1) 防护等级

外壳内有裸露带电件和外壳内仅为绝缘带电件的最低防护等级分别规定为IP54和IP44。

如果使用场所提供足够防止异物进入的措施，外壳内有裸露带电件和外壳内仅为绝缘带电件的防护等级分别为IP4X和IP2X。

如果硬物和水的进入不影响设备的安全性能时，可以不满足上述要求（例如应变仪、热电阻测温仪、热电偶、限能设备）。

(2)“n”型设备

对限能设备和电路的各个设备最大内部电容与电缆电容之和不应超过允许的最大电容（相邻的两个电缆芯线等效视为一个集中电容），各个设备最大内部电感与电缆电感之和不应超过允许的最大电感（将最大隔离的两根电缆芯线视为一个等效的集中电感）。这些值要在“n”型设备上或文件中标示出来。

(3) 线路

电缆和导管布线系统应按爆炸性气体环境电路安装的规定进行安装，并满足以下对电缆引入装置和接线端子的补充要求：

① 电缆的连接应通过与电缆相适应的电缆引入装置进行。

② 为了保证接线腔体的防护等级，需使用在电缆引入装置和电缆间有合适密封元件的电缆引入装置（例如使用密封垫圈或螺纹密封胶）。

螺纹电缆引入装置与电缆引接板或外壳的接合为6 mm厚及以上时，可以不在电缆引入装置和引接板或外壳间增加密封措施，但电缆引入装置的中心轴线须与引接板或外壳表面相垂直。

③ 限制呼吸外壳的密封应能保证外壳的限制呼吸性能。

④ 不使用的电缆引入开口应堵塞，以保证外壳的防护等级。

(4) 导体端子

一些端子，如槽形端子，可允许多根导线引入。如果多根导线同时引入一个端子时，应确保每根导线都可靠夹紧。除非制造厂文件有规定，不同截面导体不能连接在同一根端子上，但事先使用单个压紧情况除外。

在接线板上相邻端子间如果有短路危险，每个导体的绝缘应连贯至端子金属近旁。

如果使用单螺母鞍形夹子来固定一个导线，导线应绕螺钉成“U”形，但设备制造厂允许不使用“U”形加紧情况除外。

第五节　可燃性粉尘环境电气线路和电气设备的安装

一、可燃性粉尘环境电气线路的安装

(1) 布线类型

用于20区、21区和22区场所中的布线类型：

① 电缆穿入螺纹的、无缝或有缝焊管中；

② 采用本身具有防机械损坏、防止可燃性粉尘侵入的电缆。

电缆类型示例：

① 聚氯乙烯、氯丁橡胶热塑性或弹性绝缘的屏蔽电缆或铠装电缆或类似的整体护套电缆；

② 有铠装或无铠装的无缝铝护套密封电缆；

③ 有绝缘或无绝缘套的金属护套矿物绝缘电缆。

矿物绝缘电缆可能需要降级使用以限制表面温度。

(2) 安装环境

① 电缆系统和附件应尽量安装在免受机械损伤、腐蚀、化学影响及热作用的地方。如果不可避免，则应安装在导管内或选择合适的电缆(例如：为了把机械损坏的危险减少至最小，可采用铠装、屏蔽、无缝、铝护套、矿物绝缘金属护套或半钢性的护套电缆)。

② 如果电缆或导管系统会受到震动，则应设计成能经受震动而不损坏的结构。

③ 应采取措施防止安装在温度低于－5℃环境中的PVC电缆护套或绝缘材料损坏。

④ 静电聚积

电缆敷设路线的布置应不会因粉尘的通过而受到摩擦和静电的聚积，并应采取措施防止电缆表面上的静电聚积。

⑤ 粉尘聚积

电缆敷设路线的布置应使其聚积粉尘量最少，同时便于清理。当采用线槽、管道、管子或地沟装设电缆时，应采取预防措施以防止可燃性粉尘的通过或聚积。

(3) 电缆和导管引入装置

对于电缆和导管引入装置，应首先对制造厂所提供的资料先审查，看其对电气设备安全性能的技术要求是否完整。制造厂应在提供的文件中规定用于电缆或导管的引入装置，及其在设备上的位置和允许的最多数量。

电缆和导管的引入装置的结构和固定应不会损坏它们所在电气设备的防爆特性。当选用引入装置时，应适合电缆引入装置制造厂规定的全部电缆尺寸范围。

导管的引入可以通过螺纹旋入螺孔中或紧固在光孔中；螺纹和光孔可设在：

① 外壳壁上；

② 连接板上，而该板是装配在外壳壁内部或其壁上；

③ 合适的填料盒上，它与外壳为一整体或连接在外壳壁上。

电气设备外壳上不装电缆或导管引入装置时，其通孔堵封件，应与设备外壳一起符合有关防爆型式的规定要求。堵封件只能用工具才能拆除。

(4) 附件

如果附件用于互连电缆和设备(例如分线盒),则其外壳型式应适用于所在区域。

(5) 布线线路

凡与危险场所无关的电缆应尽可能不通过危险场所。如果不可避免,应符合《危险场所电气防爆安全技术规范》(AQ3009—2007)的规定。

(6) 热额定值

如果电缆上易于形成粉尘层并且会削弱空气的自由流动,尤其是出现低点燃温度的粉尘,则应考虑减少电缆的载流量。

(7) 阻挡层

如果电缆通过地板,墙壁,间隔或天花板,则其通孔应密封以防可燃性粉尘通过或聚积。

(8) 软连接

对于常需短距离移动的(例如滑轨上电机)固定设备的端子连接,电缆的布置应允许必要的移动而无损于电缆或采用适于移动设备的一种电缆型式。如果固定布线自身型式不适合于必要的移动,则应提供用于连接固定布线的合适的防粉尘点燃接线盒。如果采用金属软管,该管和其配件应设计成不得损坏电缆的结构,应保持适当的接地或跨接接地。软管应不是唯一的接地措施。软管应不受粉尘的影响并且它的使用不应削弱所连设备外壳的整体性。

(9) 导管系统

① 金属导管系统

如果使用金属导管系统,应防尘。

② 塑料导管系统

在机械损坏危险性较低的场所可以采用符合表 7－5 试验条件的刚性塑料导管和配件。连接件的绝缘套管在连接或拆卸时导体会受到扭矩作用,因此绝缘套管应经受扭转试验,在安装中导电杆承受表 7－6 的力矩作用时,导电杆和绝缘套管都不允许转动。

该系统应能防尘。

表 7－5　刚性塑料导管和配件冲击试验能量

设备类别	冲击能量 E/J			
	Ⅰ		Ⅱ	
机械危险程度	高	低	高	低
1　保护网、保护罩、风扇保护罩、电缆引入装置				
2　塑料外壳				
3　轻金属合金或铸造金属外壳	20	7		4
4　项 3 以外的其他金属外壳,其壁厚: ——小于 3 mm 的Ⅰ类设备 ——小于 1 mm 的Ⅱ类设备				
5　无保护网的透明件	7	4		2
6　带保护网的透明件(试验时不带保护网)	4	2		1

表 7-6　绝缘套管试验力矩

与绝缘套管配合的螺栓规格	力矩/N·m
M4	2.0
M5	3.2
M6	5
M8	10
M10	16
M12	25
M16	50
M20	85
M24	130

注:其他规格螺栓的扭矩可由以上数值绘成的曲线确定,对于大于上述规格螺栓的扭矩可通过曲线外推法得出。

③ 导管系统连接

壳体和可更换部件之间的连接(如盖子、检查板)等都应采用衬垫连接、螺纹连接、止口连接、法兰连接或这些连接的组合。

如果采用衬垫或平面法兰连接,则应采用足够数量的紧固螺栓、螺钉或采用其他型式的夹紧装置以保证法兰贴合在整个接合面上。

导管和电气设备接线盒之间的连接应符合设备技术条件的要求,作为最低要求,应是衬垫连接、螺纹连接、止口连接、法兰连接和(或)这些连接的组合。

螺纹连接应有适当数量的螺纹以保证外壳能防止粉尘进入。如果对等电位连接系统的连续性采取了措施,则可以采用密封胶。

刚性塑料导管可采用熔焊。

二、可燃性粉尘环境防爆电气设备的安装

(1) 可燃性粉尘区域内的电气设备的选型应按照企业实际情况划分的爆炸区域,选用DIPA或DIPB型的,并按照粉尘的不同引燃温度选择不同引燃温度组别的电气设备。具体要求依据《可燃性粉尘环境用电气设备　第1部分:用外壳和限制表面温度保护的电气设备》(GB 12476.1—2000)、《可燃性粉尘环境用电气设备　第1部分:用外壳和限制表面温度保护的电气设备　第2节:电气设备的选择、安装和维护》(GB 12476.2—2006)的规定选用相应防爆等级的电气设备。

(2) 电气设备宜在无粉尘爆炸危险的区域内设置,当需设在爆炸性粉尘环境内时,应布置在爆炸危险性较小的地点。在爆炸性粉尘环境内,不宜采用携带式电气设备。

(3) 电气设备应符合《建筑物电气装置》(GB16895—2004)和《建筑物电气装置》(IEC60364)对无可燃性粉尘环境中的安装要求。

(4) 设计的装置及安装的设备,应有便于检查、维护和清理的通道。

(5) 电气设备应采取附加措施,以防止可能遇到的外部影响(例如:化学、机械和热应力)。这些附加措施既不应削弱设备的正常热扩散也不应削弱外壳提供的防护等级的完整性。安装设备的方法和电缆等引入设备的方法都不应削弱外壳的防护等级。所有不装电缆的引入装置都应使用适合的塞子堵封。应保证外壳和进线装置的完整及密封性能。

(6) 设备安装应牢固，接线应正确，接触应良好，通风孔道不得堵塞，应注意保持设备的爬电距离和电气间隙，以避免产生电弧或火花的可能性。

(7) 所有电路应具有一个有效装置可把包括中性线的全部电路隔离起来，但不包括保护导线。对于每台电气设备和(或)每个分支电路应提供这类隔离装置，对于直接邻近的每个隔离装置应加设适当标牌，以便能迅速识别它所控制的设备或分支电路。

(8) 所有金属设备、装置外壳、金属管道、支架、构件、部件等，必须采取防静电接地；所有金属管道连接处(如法兰)，应进行跨接；操作人员应采取防静电措施；不得采用直接接地的金属导体或筛网与高速流动的粉末接触的方法消除静电。

(9) 爆炸性粉尘环境内，有可能过负荷的电气设备，应装设可靠的过负荷保护。

(10) 爆炸性粉尘环境内的事故排风用电动机，应在生产发生事故情况下便于操作的地方设置事故启动按钮等控制设备。

(11) 在爆炸性粉尘环境内，应少装插座和局部照明灯具。如必须采用时，插座宜布置在爆炸性粉尘不易积聚的地点，局部照明灯宜布置在事故时气流不易冲击的位置。

(12) 爆炸性粉尘环境电气线路应在爆炸危险性较小的环境处敷设。敷设电气线路的沟道、电缆或钢管，在穿过不同区域之间墙或楼板处的孔洞，应采用非燃性材料严密堵塞。敷设电气线路时应避开可能受到机械损伤、振动、腐蚀以及可能受热的地方，如不能避开时，应采取预防措施。

(13) 配电柜和控制柜宜集中布置在控制室内，控制室用实体墙和弹簧门与生产车间隔开。

(14) 20 区、21 区的电气设备应采用 TN－S 接地制式。

(15) 应根据车间的大小，安装数个能互相联锁的动力电源控制箱；在紧急情况下，应能及时切断所有电机的电源。

第八章　防爆电气设备的检查与维护

第一节　基本概念

一、防爆电气设备的不利条件

防爆电气设备即使做到正确的安装，也不能保证一直处于完好状态，因为，运行条件和环境条件会对防爆电气设备产生许多不利的影响。

(1) 运行条件恶劣

防爆电器设备在运行中受到强烈振动或冲击，能够影响小电气设备的机械结构和强度，也能使电气连接产生松动；电动机频繁启动、反向制动、过载等运行条件会影响电动机的绕组温度和表面温度，影响设备的安全性和使用寿命。增安型电气设备易受运行条件的不利影响。

(2) 潮湿环境

防爆电器设备长期在潮湿环境下运行或储存，会对电气设备的绝缘产生影响，使电气设备容易产生绝缘电阻降低，发生电击穿或漏电，破坏增安型和无火花型设备的防爆安全性，也会使隔爆型或其他防爆类型的电气设备的运行安全性产生不利影响。另外，潮湿的环境会使隔爆型设备的隔爆接合面产生锈蚀，对防爆安全产生不利影响。

(3) 腐蚀环境

腐蚀性环境对防爆电气设备的影响很大，严重的腐蚀会使电气设备外壳和紧固件及隔爆接合面产生锈蚀，破坏隔爆型外壳的隔爆安全，也会使其他防爆类型的电气设备壳体的防护等级降低。另外，腐蚀性环境还会对电气设备的绝缘产生不利影响，还会腐蚀裸露的导体，使其接触不良，产生火花。

(4) 环境温度

环境温度超过 40℃，会影响电气设备的绕组温度和表面温度，因为，通常防爆电气设备的允许环境温度范围是－20～40℃，环境温度超过 40℃，会使电气设备的温度升高，影响防爆安全。另外，电气设备长期在高温条件下运行，会影响电气绝缘材料的寿命。如果电气设备具有塑料外壳，高温会加速塑料的老化，影响设备的运行安全和防爆安全。

(5) 不合理的使用

防爆电气设备的使用人员不懂其防爆原理、运行要求，操作时不符合安全操作规程，甚至野蛮操作，会对防爆电气设备造成损坏，影响其安全性能。

(6) 其他不利条件的影响

阳光、雨、雪、灰尘、雷电等条件都会对防爆电气设备产生不利的影响。阳光照射能加快绝缘材料、塑料外壳的光老化；雨、雪、灰尘能使绝缘件的耐漏电性能降低，灰尘还会影响设备相对运动件(例如，轴承)之间的润滑，使其产生摩擦高温；雷电在电网上产生感应冲击电压，对电气设备的绝缘造成损害。防爆电气设备的安全检查为了保证防爆电气设备的防爆安全性和运行安全性，应该对在用的防爆电气设备和电气安装进行定期的和日常的检查和维护。

二、检查

检查等级按检查工作的手段和内容分为：

目测检查(V)：用肉眼而不用检验设备或工具来识别明显缺损的检查，即日常运行检查，如螺丝是否丢失等。

一般检查(C)：包括目测检查以及使用检验设备进行检查。例如，使用活梯(必要的地方)和工具才能识别明显缺损的检查，如螺丝是否松动等。这种检查属于专业检查，一般应定期进行。

详细检查(D)：包括仔细检查以及只有打开外壳和/或(必要时)采用工具和检测设备才能识别明显缺损的检查，如接线端子是否松动等。这种检查属于设备大修期间的检查。

检查类型按照检查实施的时间划分：

初始检查：所有的电气设备、系统和装置在投入运行前进行的检查。它一般与工程项目或设备的安装验收相结合进行。

定期检查：对所有的电气设备、系统和装置进行的例行检查。可以进行相应的仔细检查或逐项检查。定期检查按照检查的目的和内容分为专业检查和大修检查。抽样检查是对部分电气设备、系统和装置进行的检查。抽样检查可以是目检、仔细检查或逐项检查，所有抽查样品的规格和构成应根据检查的目的确定。可以通过抽样检查来监控环境条件、振动、设计的内在缺陷等产生的影响。

三、保养与检修

保养是使用或备用的防爆电气设备保持良好的技术状态，保持应有的安全性能；修理是使发生故障的防爆电气设备恢复到完全可使用状态并符合有关标准要求。所谓可使用状态就是考虑合格证的要求后，允许更换或修复所用零件而不会损害使用这类零件的电气设备的电气性能和防爆性能的一种状态。

检修包括修理和大修以及维护。

大修：是把已经使用或贮存一段时间的，但不一定发生故障的防爆电气设备恢复到完全可使用状态的活动。

维护：是维持安装的防爆电气设备处于完全可以使用的状态，这是一种例行活动。

修复：是对已经损坏的待修零部件去除或增加材料，根据有关标准使零部件恢复到完全可使用状态。

改造：是对防爆电气设备结构、材料、形状或功能的变动。

检验：设备修理后，由修理单位的检验部门评定其性能并颁发修理合格证的检查和试验工作。

必须注意：由于防爆电气设备具有特殊性，检修结束直至试验合格后，必须显示电气设备修理后特征的标牌和符号，即必须有修理标志。同时，还必须有修理合格证，就是必须有证明修理后的电气设备符合有关标准要求并达到可使用状态的证件。

第二节 防爆电气设备的检查

一、检查的基本要求

凡是具有爆炸性危险场所的新建、改建、扩建的生产、储存装置和设施，都须使用电气防爆安全设施。电气安全防爆设施要保证其有效、可靠，必须进行一系列检查。所谓检查，是为了获取设备运行状态安全可靠的结论而采取的不拆卸或局部拆卸设备，并辅以一些测试措施而进行的详细检查活动。

(1) 检查程序

为使危险场所用电气设备的点燃危险减至最小，在装置和设备投入运行之前工程竣工交接验收时，应对它们进行初始检查；为保证电气设备处于良好状态，可在危险场所长期使用，应进行连续监督和定期检查。

初始检查和定期检查应委托具有防爆专业资质的安全生产检测检验机构进行，检查程序如下：

检查工作包括技术文件审查和实地检查两项内容。

技术文件审查须送下列资料：

① 爆炸危险区域划分图；

② 相应危险区域内的爆炸性危险物质的名称及其安全数据表(MSDS)；

③ 在用防爆电气产品清单，包括安装区域和位号等信息；

④ 各防爆电气产品防爆合格证复印件(防爆检验机关颁发)；

⑤ 有关防爆电气设备特殊使用条件的说明性文件；

⑥ 本质安全系统描述性技术文件；

⑦ 有关安装质量的相关资料(安装单位提供)。

具有防爆专业资质的安全生产检测检验机构检查后发给检查报告。

当装置或设施局部更改时，应报原具有防爆专业资质的安全生产检测检验机构重新检查。

当装置或设施检查不合格时，企业应立即整改，整改合格后报检查机构复查。

某些检查项目如果制造商已进行了同等的检查，并且安装过程不可能影响到被制造商检查过的那些零部件，就不要求全部的初始检查。例如：不要求隔爆型电机内部隔爆间隙的初始详细检查，但是，为方便现场导线连接而拆下的接线盒盖在装配后宜进行检查。

(2) 人员

防爆电气设备的检查和维护应由符合规定条件的有资质的专业人员进行，这些人员应经过包括各种防爆型式、安装实践、相关规章和规程以及危险场所分类的一般原理等在内的业务培训，这些人员还应接受适当的继续教育或定期培训，并具备相关经验和经过培训的资质证书。

二、连续监督

连续监督应由企业的专业人员按要求进行，并作好相应的检查记录，发现的异常现象应及时处理。连续监督应包括下列主要项目：

防爆电气设备应按制造厂规定的使用技术条件运行。对于防爆合格证书编号带有后缀“X”的产品应符合其有关文件规定的安全使用特定条件。

防爆电气设备应保持其外壳及环境的清洁，清除有碍设备安全运行的杂物和易燃物品，应指定化验分析人员经常检测设备周围爆炸性混合物的浓度。

设备运行时应具有良好的通风散热条件，检查外壳表面温度不得超过产品规定的最高温度和温升的规定。

设备运行时不应受外力损伤，应无倾斜和部件摩擦现象。声音应正常，振动值不得超过规定。

运行中的电动机应检查轴承部位，须保持清洁和规定的油量，检查轴承表面的温度，不得超过规定。

检查外壳各部位固定螺栓和弹簧垫圈是否齐全紧固，不得松动。

检查设备的外壳应无裂纹和有损防爆性能的机械变形现象。电缆进线装置应密封可靠。不使用的线孔，应用适合于相关防爆型式的堵塞元件进行堵封。

检查充入正压外壳型电气设备内部的气体，是否含有爆炸性物质或其他有害物质，气量、气压应符合规定，气流中不得含有火花、出气口气温不得超过规定，微压(压力)继电器应齐全完整，动作灵敏。

检查油浸型电气设备的油位应保持在油标线位置，油量不足时应及时补充，油温不得超过规定，同时应检查排气装置有无阻塞情况和油箱有无渗油漏油现象。

设备上的各种保护、闭锁、检测、报警、接地等装置不得任意拆除，应保持其完整、灵敏和可靠性。

检查防爆照明灯具是否按规定保持其防爆结构及保护罩的完整性，检查灯具表面温度不得超过产品规定值，检查灯具的光源功率和型号是否与灯具标志相符，灯具安装位置是否与说明规定相符。

在爆炸危险场所除产品规定允许频繁启动的电机外，其他各类防爆电机，不允许频繁启动。

正压外壳型防爆电气设备通风或换气的时间及保护功能须符合产品的使用说明书和警告牌上的规定要求。

电气设备运行中发生下列情况时，操作人员可采取紧急措施并停机，通知专业人员进行检查和处理：

① 负载电流突然超过规定值时或确认断相运行状态；

② 电动机或开关突然出现高温或冒烟时；

③ 电动机或其他设备因部件松动发生摩擦，产生响声或冒火星；

④ 机械负载出现严重故障或危及电气安全。

为使粉尘危险场所用电气设备的点燃危险减到最小，应检查原设计条件(粉尘类型、粉尘层的最大厚度等)是否发生变化。

移动式(手提式、便携式和可移动式)电气设备特别易于受损或误用，因此检查的时间间隔可根据实际需要缩短。移动式电气设备至少每 12 个月进行一次一般检查，经常打开的外壳(例如电池盖)应进行详细检查。此外，这类设备在使用前应进行目视检查，以保证该设备无明显损伤。

三、定期检查

定期的目视检查或一般检查可能会需要进一步的详细检查。

检查等级和定期检查的时间间隔的确定应考虑设备型式、制造商指南、影响损坏程度的因素、使用的区域和以前的检查结果。在确定类似设备、装置和环境的检查等级和时间间隔时，应该利用这些经验确定检查方案。

造成设备劣化的主要因素包括：易受腐蚀、暴露在化学制品或溶剂中，可能堆积粉尘或灰尘、可能进水、暴露在过高环境温度中、机械损坏的危险、受到激烈的振动、工作人员的培训和经验、未经批准的修改或调整、不适当的维护，例如未按制造商的建议进行维护。

定期检查应委托具有防爆专业资质的安全生产检测检验机构进行，时间间隔一般不超过 3 年。企业应当根据检查结果及时采取整改措施，并将检查报告和整改情况向安全生产监督管理部门备案。

初始、定期和连续监督的所有结果应记录。

定期检查可按下面的检查表进行相应的目视检查或一般检查。

(1) 隔爆型电气设备检查表见表 8-1：

表 8-1　隔爆型电气设备 Ex "d"检查一览表

序号	检查项目	检查等级		
		D	C	V
1	电气设备适合于危险场所类别，符合批准的设计要求	√	√	√
2	电气设备的铭牌标识清楚，有防爆标志、防爆合格证号	√	√	√
3	不存在未经批准的修改	√		
4	电气设备结构不存在可见的未经批准的修改		√	√
5	电气设备的外壳应无裂缝、损伤	√	√	√
6	电气设备所有的紧固件应完整，防松设施齐全，弹簧垫圈压平	√	√	√
7	电气设备隔爆间隙尺寸在允许的最大尺寸范围内	√	√	
8	隔爆面清洁、无损伤及锈蚀	√		
9	电气设备的运动部件应无碰撞和摩擦	√	√	√
10	透明件无损伤，透明件与金属密封垫符合要求	√	√	√
11	电缆引入装置和堵板的类型正确并完整和紧固	√	√	√
12	电动机风扇与外壳和/或外罩之间有足够的间距	√		
13	电气设备外壳表面温度不应超过本设备防爆标志的温度组别	√	√	
14	接线紧固后，裸露带电部分之间与金属外壳之间的电气间隙和爬电距离应符合要求	√		
15	呼吸和排水装置合格	√		

(2) 增安型电气设备检查表见表 8-2：

表 8-2　增安型电气设备 Ex "e"检查一览表

序号	检查项目	检查等级		
		D	C	V
1	电气设备适合于危险场所类别，符合批准的设计要求	√	√	√
2	电气设备的铭牌标识清楚，有防爆标志、防爆合格证号	√	√	√
3	电气设备的外壳应无裂缝、损伤	√	√	√

续表

序号	检查项目	检查等级		
		D	C	V
4	电气设备所有的紧固件应完整，防松设施齐全，弹簧垫圈压平	√	√	√
5	电气设备结构不存在可见的未经批准的修改		√	√
6	不存在未经批准的修改	√		
7	外表衬垫状态良好，无老化现象	√		
8	电气设备的温度保护装置(保护)及附件应齐全、良好	√	√	√
9	电气连接紧固	√		
10	电动机风扇与外壳和/或外罩之间有足够的间距	√		
11	呼吸和排水装置合格	√	√	
12	电缆引入装置和堵板的类型正确并完整和紧固	√	√	√
13	电气设备外壳表面温度不应超过本设备防爆标志的温度组别	√	√	
14	接线紧固后，裸露带电部分之间与金属外壳之间的电气间隙和爬电距离应符合要求	√		

(3) n型电气设备检查表见表8-3：

表8-3　n型电气设备Ex"n"检查一览表

序号	检查项目	检查等级		
		D	C	V
1	电气设备适合于危险场所类别，符合批准的设计要求	√	√	√
2	电气设备的铭牌标识清楚，有防爆标志、防爆合格证号	√	√	√
3	电气设备的外壳应无裂缝、损伤	√	√	√
4	电气设备所有的紧固件应完整，防松设施齐全，弹簧垫圈压平	√	√	√
5	电气设备结构不存在可见的未经批准的修改		√	√
6	不存在未经批准的修改	√		
7	透明件无损伤，透明件与金属密封垫符合要求	√	√	√
8	封闭式断路装置和气密型装置无损伤	√		
9	电缆引入装置和堵板的类型正确并完整和紧固	√	√	√
10	电动机风扇与外壳和/或外罩之间有足够的间距	√		
11	电气设备外壳表面温度不应超过本设备防爆标志的温度组别	√	√	
12	呼吸和排水装置合格	√	√	
13	限制呼吸外壳良好	√		
14	电气连接紧固	√		
15	外壳衬垫状态良好，无老化现象	√		

(4) 本安型电气设备检查表见表 8－4：

表 8－4　本安型电气设备 Ex"i"检查一览表

序号	检查项目	检查等级		
		D	C	V
1	电气设备适合于危险场所类别，符合批准的设计要求	√	√	√
2	电气设备的铭牌标识清楚，有防爆标志、防爆合格证号	√	√	√
3	电气设备结构不存在可见的未经批准的修改		√	√
4	不存在未经批准的修改	√		
5	独立供电的本质安全型电气设备的电池型号、规格应符合铭牌中的规定	√	√	√
6	配套的关联设备的型号规格必须符合铭牌中的规定	√	√	√
7	安全栅应可靠接地，其接地电阻符合铭牌中的规定	√	√	
8	电气连接牢固	√		
9	印刷电路板清洁无损坏	√		
10	电气设备外壳表面温度不应超过本设备防爆标志的温度组别	√		

(5) 正压型电气设备检查表见表 8－5：

表 8－5　正压外壳型电气设备 Ex "p"检查一览表

序号	检查项目	检查等级		
		D	C	V
1	电气设备适合于危险场所类别，符合批准的设计要求	√	√	√
2	电气设备的铭牌标识清楚，有防爆标志、防爆合格证号	√	√	√
3	电气设备结构不存在可见的未经批准的修改		√	√
4	不存在未经批准的修改	√		
5	外壳透明件及透明件与金属密封垫和/或胶黏剂满足要求	√	√	√
6	在运行中进入电气设备及其通风系统内的气体，不得含有爆炸性混合物及其他有害物质	√	√	
7	通风过程排出的气体不宜排入爆炸危险场所，当采取防止火花和炽热颗粒从电气设备吹除的措施允许排入 2 区空间	√		
8	电气设备的报警系统，断电系统应可靠动作	√		
9	通风管道应密封良好	√	√	√
10	预先换气时间合适	√		
11	保护气体基本未受污染	√	√	
12	保护气体压力和/或流量合适	√	√	√

(6) 油浸型电气设备检查表见表 8－6：

表 8－6　油浸型电气设备 Ex“o”检查一览表

序号	检 查 项 目	检查等级		
		D	C	V
1	电气设备适合于危险场所类别，符合批准的设计要求	√	√	√
2	电气设备的铭牌标识清楚，有防爆标志、防爆合格证号	√	√	√
3	电气设备结构不存在可见的未经批准的修改		√	√
4	不存在未经批准的修改	√		
5	电气设备油箱、油标无裂缝及漏油	√	√	√
6	油面在油标范围内	√	√	√
7	排油孔、排气孔畅通	√	√	√
8	安装倾斜度不大于 5°	√	√	

(7) 浇封型电气设备检查表见表 8－7：

表 8－7　浇封型、充砂型电气设备 Ex“m”“q”检查一览表

序号	检 查 项 目	检查等级		
		D	C	V
1	电气设备适合于危险场所类别，符合批准的设计要求	√	√	√
2	电气设备的铭牌标识清楚，有防爆标志、防爆合格证号	√	√	√
3	电气设备结构不存在可见的未经批准的修改		√	√
4	不存在未经批准的修改	√		
5	结构符合要求	√		

(8) 防尘型电气设备检查表见表 8－8：

表 8－8　防粉尘点燃电气设备(DIP A/B)检查一览表

序号	检 查 项 目	检查等级		
		D	C	V
1	电气设备适合于粉尘场所(粉尘类型)，符合批准的设计要求	√	√	√
2	预期的粉尘堆积厚度是否与设备允许的厚度相适应	√	√	
3	电气设备的铭牌标识清楚，有防爆标志、防爆合格证号	√	√	√
4	不存在未经批准的修改	√		
5	电气设备结构不存在可见的未经批准的修改		√	√
6	电气设备的外壳应无裂缝、损伤	√	√	√
7	电气设备所有的紧固件应完整，防松设施齐全，弹簧垫圈压平	√	√	√

续表

序号	检查项目	检查等级		
		D	C	V
8	电气设备接合面结构尺寸应满足标准规定的要求	√	√	
9	外壳衬垫状态良好，无老化现象	√		
10	透明件无损伤，透明件与金属密封垫符合要求	√	√	√
11	电缆引入装置和堵板的类型正确并完整和紧固	√	√	√
12	可能的粉尘层堆积厚度是否符合与设备类型相适应	√		
13	电动机风扇与外壳和/或外罩之间有足够的间距	√		
14	电气设备最高表面温度是否满足要求的安全余量	√	√	
15	接线紧固后，裸露带电部分之间与金属外壳之间的电气间隙和爬电距离应符合要求	√		

(9) 防爆电气设备安装施工检查表见表 8-9：

表 8-9　安装施工检查一览表

序号	检查项目	检查等级		
		D	C	V
1	电气线路应敷设在爆炸危险性较小的区域或距离释放源较远的位置，避开易受机械损伤、振动、腐蚀、粉尘积聚场所	√	√	√
2	利用的低压电缆或绝缘导线，其额定电压必须高于线路工作电压，且不得低于 500V	√		
3	导线或电缆截面应符合规定	√		
4	电缆无明显损坏	√	√	√
5	架空线与爆炸性气体环境水平距离，不应小于杆塔高度的1.5倍	√	√	√
6	导线或电缆的连接应采用防爆接线盒或分线盒	√		
7	电气线路在爆炸危险场所不应有中间接头，在特殊情况下，线路须设中间接头时，必须在相应的防爆接线盒或分线盒内连接和分路	√	√	√
8	电缆或导线配线，必须采用相应的密封圈，电缆外护套外径与密封圈内径的配合应符合要求，导线与密封圈的配合误差应符合要求	√	√	√
9	密封圈不应有老化现象	√	√	√
10	密封圈和压紧元件之间应有一个金属垫圈	√	√	√
11	压紧元件须符合要求，并应保证使密封圈压紧电缆或导线	√	√	√
12	电气设备多余的电缆引入口在密封圈的外侧应设钢质堵板，其厚度不应小于 2 mm，钢质堵板应经压紧元件压紧	√	√	√
13	电缆配线或钢管配线引入防爆电动机需挠性连接时，可采用挠性连接管，挠性连接管仅是钢管的一部分起机械保护作用	√	√	√

续表

序号	检查项目		检查等级 D	C	V
14	电气设备的电缆或导线引入口,需用钢管连接,必须用一个过渡压紧元件,必须达到先压紧密封圈后,才可连接钢管,钢管连接有困难可增加活接头		√	√	√
15	对于粉尘环境的电缆布线,应采取措施避免形成粉尘层,否则应考虑减少电缆的载流量		√	√	√
16	电缆穿过不同区域的隔离措施	两区交接电缆沟内应采取充砂、填阻火堵料或加防火隔墙等措施	√	√	√
		电缆通过与相邻区域共有的隔墙、楼板、地坪及易受机械损伤处,均应加以保护;留下的孔洞应严密堵塞	√	√	√
		电缆在区域界面(隔墙、楼板、地坪)有保护管的,须在保护管两端用阻火堵料严密堵塞、填塞深度不得小于管子内径,且不得小于 40 mm			
17	钢管配线要求	绝缘导线必须敷设在镀锌焊接钢管上	√	√	√
		钢管之间、钢管与设备之间须用螺纹连接;1 区和 2 区螺纹有效啮合扣数不小于 5 扣;且应有锁紧螺母;爆炸性粉尘环境 21 区和 22 区螺纹有效啮合扣数不小于 5 扣			
		电气管路之间不得采用倒扣连接	√	√	√
		钢管通过与其他任何场所相邻的隔墙时,应在隔墙的任何一侧装设横向式隔离密封件	√	√	√
		钢管通过楼板或地坪引入其他场所时,均应在楼板或地坪的上方装设纵向式隔离密封件	√	√	√
		钢管的管径大于 50 mm 及以上的,在距引入的接线箱 450 mm 以内及每距 15 m 处,应装设隔离密封件	√	√	√
		易积聚冷凝水的管路,应在其垂直段的下方装设排水式隔离密封盒,排水口应置下方	√	√	√
		导线在隔离密封盒内不得有接头	√		
		钢管通过墙、楼板、地坪时隔离密封盒与墙面、楼板、地坪的距离不应超过 300 mm,并应将孔洞严密堵塞	√	√	√
		隔离密封盒内必须填符合标准要求的填料	√		
		钢管连接螺纹加工应光滑、完整、无锈蚀,在螺纹上应涂电力复合脂或导电性防锈脂。不得在螺纹上缠麻或绝缘胶带及涂其他油漆	√		

续表

序号	检查项目		检查等级		
			D	C	V
18	本安型电气设备连线	本质安全电路与关联电路不得共用同一根电缆或钢管;本质安全电路严禁与其他电路共用同一根电缆或钢管	√	√	√
		两个及以上的本质安全电路,除电缆线芯分别屏蔽或采用屏蔽导线外,不应共用同一根电缆或钢管	√	√	√
		控制盘内本质安全电路与关联电路或其他电路的端子之间的间距,不应小于 50 mm,当间距不符合时,应采用高于端子的绝缘隔板隔离;端子排应采用绝缘的防护罩;本质安全电路、并联电路、其他电路的盘内配线应分开束扎、固定,分离距离不应小于 50 mm	√		
		本质安全电路配线用电缆和导线套管均应蓝色标志	√	√	√
		本安电路除特殊规定外,不应接地,电缆屏蔽层应在非爆炸区一点接地	√	√	√
		本安电路、关联电路采用非铠装和无屏蔽层的电缆时,应采用镀锌钢管保护	√	√	√
19	爆炸性危险场所的接地	电气设备的金属外壳、金属构架、金属配线管及其配件、电缆保护管、电缆的金属护套等非带电的裸露金属部分,均应接地	√	√	√
		爆炸危险场所除 2 区内照明灯具以外所有的电气设备,应采用专用接地线;宜采用多股软绞线,其铜芯截面积不得小于 4 mm^2。金属管线、电缆的金属外壳等,应作为辅助接地线	√	√	√
		不能用输送易燃物质的金属管道作为接地线	√	√	√
		爆炸性危险场所接地干线与接地体不得小于 2 处,接地干线通过与其他环境共用的隔离墙时,应用钢管保护	√	√	√
		电气设备及灯具专用接地或接零保护线应单独与接地干线网相连,工作零线不得作为保护接地用	√	√	√
		铠装电缆引入电气设备时,其接地芯线应与设备内接地螺栓连接,其钢带或金属护套应与设备接地螺栓连接	√		
		电气线路应敷设在爆炸危险性较小的区域或距离释放源较远的位置,应避开易受机械损伤、振动、腐蚀、粉尘积聚场所	√	√	√
		设备、机组、贮罐、管道等的防静电接地线,应单独与接地体或接地干线相连,除并列管道外不互相串联接地	√	√	√
		防静电接地线的安装,应与设备、机组、贮罐等固定接地端子或螺栓连接,螺栓不应小于 M10,并有防松装置和涂以电力复合脂。当采用焊接连接时,不得降低和损伤管道强度	√	√	√

第三节 防爆电气设备检修的基础工作

一、基础资料

任何检修工作不能盲目进行，必须准备并充分了解基础资料。基础资料一般包括制造厂提供的资料和修理人员自己的资料。

制造厂提供的资料主要有下列内容：

(1) 技术规范；

(2) 使用性能和使用条件；

(3) 拆卸和组装说明；

(4) 限定条件；

(5) 标志；

(6) 推荐的检修方法。

在研究检修资料时，还应注意备件目录，因为备件目录中，制造厂标出了对设备符合有关标准或合格证有重大影响的备件。

修理人员应根据备件清单，从制造厂获得新的零件，应保证使用的备件与被修理的防爆电气设备相适应。

设备标准和防爆性能要求的密封件，只能用备件清单上规定的特殊零件更换。

修理人员自己准备的资料主要是：

(1) 与防爆电气设备检修有关的防爆标准和合格证的要求；

(2) 以往的检修或改造的记录。

二、检修人员

检修人员必须经过防爆电气设备检修作业的培训，培训应包括下列内容：

(1) 防爆电气设备的一般原理和防爆标志识别；

(2) 各种防爆电气设备的特征及性能；

(3) 防爆电气设备标准和使用说明书；

(4) 了解防爆电气设备上允许更换的零部件；

(5) 修理技术；

(6) 检验技术；

(7) 防爆电气设备检修人员应遵循的质量管理体系和规章制度。

这种培训工作应经常进行，至少每三年应进行一次。

三、检验

检验工作由修理单位的检验部门进行，但改造的防爆电气设备样机须送防爆检验单位检验。

检验的目的：主要是确定经修理后的防爆电气设备是否符合图纸和（或）有关标准的规定。

修理后的设备除应进行电气绝缘强度试验及绝缘电阻的测量外，还应进行标准规范规定的相应防爆型式检修补充要求的试验。其绝缘试验的耐电压试验值可为标准耐压值的80%，但更换的绝缘件（含电机绕组）应为100%。

四、文件

设备修理后，维修人员应提供下列文件：

(1) 故障检查情况；

(2) 检修工作的情况说明；

(3) 更换、修复部件的目录；

(4) 改造说明、电气原理图；

(5) 所有检查和试验结果；

(6) 修理合格证。

五、设备修理后的标志

设备上应设置鉴别修理或大修以及修理单位的标志。在需要加设修理标志的情况下，标志应加设在设备的主要部件上。

标志的内容主要为：

(1) 符号

符号有两种，一种是设备安全符合标准规定也符合合格证文件要求的，其标志如图 8－1；另一种是当设备安全符合标准规定，但不符合合格证文件要求的，其标志如图 8－2。

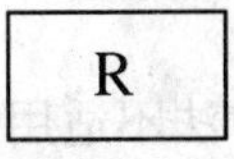

图 8－1

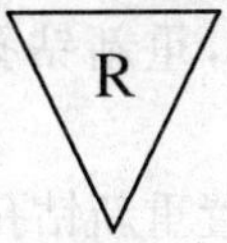

图 8－2

标志牌必须清晰、耐久，并且耐化学腐蚀。标志牌一般应为金属材料，永久地固定在修理过的设备上，再次修理后可以将前一次的修理标志牌去掉。

(2) 修理合格证

修理合格的防爆电气设备，由修理单位的检验部门出具修理合格证。修理合格证至少应包括被修防爆电气设备的名称、型号、规格、防爆标志、修理厂名及其认可证编号、修理合格证编号、日期等。

不影响电气设备防爆性能的修理不加设修理标志。

六、修复

防爆电气设备的防爆性能是至关重要的，任何维修活动不能影响防爆性能。

(1) 修复的要求

修复工作应该由经过培训并熟悉该工艺的人员进行。如果采用某些专利工艺方法时，应按专利说明书进行。

全部修复情况应该记录，并保留记录，记录应包括：

① 零部件的标记；

② 修复方法；

③ 与合格证文件中的尺寸或零件的原始尺寸不同的尺寸的详细情况；

④ 日期；

⑤ 进行修复的单位名称。

某种修复方法能导致与防爆性能有关的尺寸与合格证文件中规定的尺寸不一致，如果变化了的尺寸仍然符合有关防爆标准的规定，则这种方法也是允许的。当采用的修复方法对防爆安全的影响有疑问时，应该向制造厂或防爆检验单位咨询。

(2) 修复方法及注意事项

金属喷涂法：适用于被修复零件喷涂前的加工不会削弱其应有的机械强度时，但是，对于某些高速和大直径的零件不宜采用这种方法。

电镀法：适用于当被修零件仍有足够的机械强度时。

安装套筒法：适用于当被修零件经过机加工仍有足够的机械强度时。

硬钎焊或熔焊法：如果采用的钎焊工艺能保证焊料与母体适当渗透和熔接，又经时效处理后能防止变形，消除压力，且无气泡时，可采用此种方法。

金属压合法：对于有相当厚度的铸件，可采用镍合金填塞缝隙后压合密实的技术进行冷修复。

旋转电机定、转子铁芯机加工方法：旋转电机的定、转子铁芯，不应任意机加工，防止增大它们之间的间隙后带来的不利后果。

紧固件的螺孔：紧固件的螺孔中的螺纹损坏时可以修复，根据不同防爆型式，应采用下列方法：

① 加大钻孔尺寸，重新攻丝；

② 加大钻孔尺寸，堵住，重新钻孔，重新攻丝(这种方法不适用于隔爆面上的紧固螺孔)；

③ 堵死螺孔，在另外位置重新钻孔并攻丝(这种方法不适用于隔爆面上的紧固螺孔)；

④ 焊死螺孔，重新钻孔并攻丝。

重新机加工方法：磨损或损坏的表面在下列条件下才允许重新机加工：

① 能保证零件的机械强度；

② 保持外壳的整体性；

③ 达到要求的表面粗糙度。

从以上这些修复方法的要求可以看出，修复防爆电气设备和修复普通电气设备有很大的区别，其特点是：任何一种修复方法的使用都必须满足防爆电气最基本的机械强度、密封性的要求，总之，修复工作绝不能降低防爆性能。

(3) 修复限制

修复作业即使使用合理的方法，满足修复的要求，但下列零件仍不允许修复，而是要更换新件：

① 由玻璃、塑料或其他尺寸不稳定的材料制成的零件；

② 紧固件；

③ 制造厂说明不能进行修复的零件，例如浇封组件。

七、改造

对防爆电气设备进行改造时，应制定改造技术文件和图纸，并送防爆检验单位审查。对已取得防爆合格证的电气设备改造时，尽量不改造其防爆结构。

如果是防爆电气设备的使用单位与修理单位商定的改造，涉及与设备的合格证文件和有关防爆标准不符时，除应在文件及说明书中说明外，还应去掉设备上原来的防爆铭牌和防爆标志。

八、临时修理

如果防爆电气设备的防爆安全能够保证，允许进行临时修理，使设备在短期内继续运行。对临时修理的设备应该尽快实施满足标准的修理。

第四节　防爆电气设备的维护要求

一、补救措施和设备更换

所有设备应按要求注明一般条件，必要时应采取一些适当的补救措施。应注意保持设备防爆型式的完整性，这可以要求与制造商协商。更换零部件应按照有关安全文件的要求进行。

安全文件中规定的对设备安全性能产生不利影响的零部件，未经有关部门同意不应进行更换。

(1) 应注意避免与制造商降低静电影响的措施发生冲突。

(2) 更换照明装置的灯泡时，必须按灯具标志规定的光源功率和型号，否则可能造成温度过高。

(3) 透明件的腐蚀、涂漆或遮挡，或者照明装置的安装不正确均能导致温度过高。

二、软电缆的维护

软电缆、挠性连接管及其终端连接容易损坏，应规定时间间隔进行检查，发现损坏或缺损则应更换。

三、停机

如果在维护时必须将电气设备等装置停机，裸露的导线应满足下列条件之一：

(1) 正确连接到相应的外壳内；

(2) 与所有供电电源断开，并使其绝缘；

(3) 与所有供电电源断开并接地。

如果电气设备永久停止使用，与之相关的所有供电电源的导线均应被断开、拆除，或者正确连接到相应的外壳内。

四、紧固件和工具

在需要特殊螺栓、其他紧固件或专用工具的地方，应备有并使用这些物品。

五、环境条件

危险场所中的电气设备可能会受到使用环境条件的不利影响，必须考虑一些主要因素，如腐蚀、环境温度、紫外线辐射、水的进入、粉尘或砂粒的堆积、机械和化学作用。

金属腐蚀或化学物质(特别是溶剂)对塑料或弹性部件的作用可影响到设备防爆型式和防护等级。如果外壳或部件严重腐蚀，该部件就应更换。塑料外壳可能会出现外壳整体性能的表面裂纹。设备的金属外壳，必要时应采用适当的保护涂层进行处理作为防腐措施。这类处理的频次和方法根据环境条件而定。

应验证所设计的电气设备能否承受可能遇到的最高和最低环境温度。

如果防爆电气设备的标志未能标明环境温度范围，则设备宜用于－20～＋40℃范围内，如果指明温度范围，设备宜用于该范围。

装置的所有部件应保持清洁，并无可能引起温度上升的粉尘和堆积类似的有害物质。

应注意确保维持电气设备的气候防护性能。损坏了的衬垫应更换。

抗凝露器件，如呼吸元件、排水元件或加热元件应进行检查以保证正确运行。

如果受到振动应特别注意设备螺栓和电缆引入装置的紧固性。

在清理非金属外壳电气设备时注意避免产生静电。

六、维护时设备的隔离

在危险场所打开任何电气设备之前，它应与所有的电源包括中性线隔开，并且采取有效措施以防设备打开时由于疏忽而再通电。

(1) 除本安电路之外的装置

① 内部有非本质安全型带电部件并且安装在危险场所的电气设备，在未与所有输入连接隔离，并且存在零线对地电位情况时与输出线路、中性导体隔离时，设备不得开盖，项②或项③规定的除外。这里隔离的意思是指拔掉熔断器和熔丝，或断开隔离器、开关。直到有足够的时间使表面温度或储存的电能降至不能引起点燃时，才能打开外壳。

② 在计划工作所需的时间内，如果对此区域负责的部门或人员能够保证不出现可燃性环境，并对这种情况做出了书面认可，那么在采取常规安全措施后，可以进行必要的裸露带电部件的主要操作。

③ 如果有关的法规和规程允许，对项①或项②的要求只有在 2 区内才可放宽。如果经安全评估证明满足下列条件，那么在采取常规安全措施后，可以进行下列操作：

a) 在带电设备上进行计划的操作不会产生点燃火花；

b) 电路具有防止产生火花的结构；

c) 危险场所内的电气设备和关联电路不含有可能引起点燃的热表面。

如果能符合这些条件，那么在采取常规安全措施后，可以进行计划的操作。

安全评估的结果应记录在文件中，其中含有以下信息：

a) 在带电设备上计划操作的形式；

b) 评估结果，包括评估时所作的试验结果；

c) 评估中要求对带电设备维护有关的任何条件。

设备的评估人员应：

a) 熟悉所有有关标准、实施法规的要求和现行的说明材料；

b) 获取进行评估时所需的各种材料；

c) 必要时，使用与国家检验单位类似的试验设备和试验程序。

(2) 本质安全型装置

符合下列条件可对带电设备进行维护：

① 危险场所中的维护工作

任何维护工作应仅限于下列情况：

a) 断开、拆卸或更换一些电气设备的元件和电缆；

b) 调整电气设备或系统校准所需的控制装置；

c) 拆卸并更换插接元件或组件；

d) 使用有关文件中规定的检验仪器，在有关文件中没有规定检验仪器时，只能采用检验时不会影响电路本安性能的仪器；

e) 有关文件特别允许的其他维护行为。

履行上述这些职能的人员应保证在完成这些工作后，本安系统或配套的本安电气设备符合有关文件的要求。

② 非危险场所中的维护工作

非危险场所中的关联电气设备和部分本安电路的维护，当这类电气设备或电路部分仍然是与危险场所中安装的本安系统部分保持相互连接时，应仅限于①项中所述的内容。

在断开危险场所的电路之前，不应拆卸安全栅的接地连接，便于检测接地电阻，设有双重接地装置可以拆卸单个接地时除外。

仅仅在电气设备或电路部分与危险场所中的电路断开后，才可以对非危险场所中的关联设备或本安电路部分进行其他维护工作。

七、可燃性粉尘环境防爆电气设备的维护要求

对于需要打开设备进行维护的电气设备应处于无尘场所。否则，应采取适当措施以防粉尘进入外壳。

在拆除密封件、接合面部件时，如果不进行更换则不得损坏。

重新组装时，应提供并遵守制造厂的密封建议。

可燃性粉尘环境用电气设备应按计划表检查和维护。检查和维护周期将取决于环境条件、使用的设备数量和制造厂的建议。

八、接地和等电位连接

应该注意保证在危险场所中接地和等电位连接处于良好状态。

九、防爆电气设备的检修和电气设备防爆性能的失效

① 防爆电气设备的检修

维护时发现防爆电气设备因外力损伤、大气锈蚀、化学腐蚀、机械磨损、自然老化等原因导致防爆性能下降或失效时，应予检修，防爆电气设备的检修应按照《爆炸性气体环境用电气设备　第13部分：爆炸性气体环境用电气设备的检修》(GB 3836.13—1997)进行。经过检修不能恢复原有等级的防爆性能可根据实际技术性能，按以下原则处理：

a) 降低防爆等级使用；

b) 降为非防爆电气设备使用。

② 防爆电气设备防爆性能的失效

维护时发现防爆电气设备结构、参数发生变化，与原防爆型式及设计不符且不能修复的，即判定失效并迅速予以停用更换。主要有下列情形：

a) 隔爆型电气设备外壳严重变形，不能修复的；

b) 隔爆面严重损伤，不能修复的；

c) 隔爆间隙超出国家标准，不能修复的；

d) 防爆电气设备外壳开裂不符合原防爆型式的要求。

第五节　防爆电气设备运行及故障处理

一、防爆电气运行

值班电工和涉及设备运行操作人员必须加强对防爆电气的监视，并做到：

(1) 对运行中的防爆电气设备的电压、电流加强监视和检查，发现异常必须立即通知专业维修人员。

(2) 保持防爆电气设备外壳及环境的清洁,清除有碍设备安全运行的杂物和易燃物品。

(3) 设备运行时应具有良好的通风散热条件,检查外壳表面温度不得超过防爆电器规定的最高温度和温升的规定。

(4) 设备运行时不应受外力损伤,应无倾斜和部件摩擦现象。声音应正常,振动值不得超过规定。

(5) 运行中的电机应检查轴承部位,须保持清洁和规定的油量,检查轴承表面的温度,不得超过规定。

(6) 检查外壳各部位固定螺栓和弹簧是否齐全紧固,不得松动。

(7) 检查设备的外壳有无裂纹和有损防爆性能的机械变形现象。电缆进线装置应密封可靠。观察窗的透明板要完整,不得有裂缝。

(8) 检查正压型电气设备内部的气体,是否含有爆炸性物质或其他有害物质,气量、气压应符合规定,气流中不得含有火花,出气口气温不得超过规定,微压(压力)继电器应齐全完整,动作灵敏。

(9) 检查充油型电气设备的油位,应保持在油标线位置,油量不足时应及时补充,油温不超过规定,同时应检查排气装置有无阻塞情况和油箱有无渗油漏油的现象。

(10) 设备上的各种保护、联锁、检测、报警、接地装置应齐全完整。

(11) 检查防爆照明灯具是否按规定保持其防爆结构及保护罩的完整性。检查灯具表面温度不得超过规定值。

(12) 在爆炸危险场所除规定允许频繁启动的电机外,其他各类防爆电机不允许频繁启动。

(13) 正压型防爆电气设备,启动前均须先进行通风或充气,当通风或充气的总量达到外壳和管道内部空间总容积的 5 倍以上时,才准许送电启动。正压型防爆电气设备停用后,应延时停止送风。

(14) 防爆电气的接地线应牢固,接地端子无松动,无明显腐蚀,无折断,铠装电缆的外绕钢带无断裂。

(15) 电气设备运行中发生下列情况时,操作人员应采取紧急措施并停机,通知专业维修人员进行检查和处理。

① 负载电流突然超过规定值或确认断相运行状态时;

② 电机或开关突然出现高温或冒烟时;

③ 电机或其他设备因部件松动发生摩擦,产生响声或冒火星时;

④ 机械负载出现严重故障或危及电气安全时。

(16) 设备运行操作人员对日常运行维护和日常检查中发现的异常现象可以处理的应及时处理,不能处理的应通知电气维修人员处理,并将发生的问题或事故登记在设备运行记录本上。

二、防爆电气设备的故障处理

防爆电气设备故障停电后,必须查明原因,消除故障后方可送电试车,禁止强行试送电。

运行中发现下列情况之一时,值班人员可紧急停车并报告有关负责人通知检修人员进行检修:

(1) 负载电流超过规定值；
(2) 确认断相运行；
(3) 电机或开关突然出现高温或冒烟；
(4) 电机或其他设备因部件松动发生刮碰、产生响声或冒火星时；
(5) 机械负荷出现严重过载危及安全；
(6) 防爆电气设备外壳在运行中受到外力损伤，怀疑有裂纹或产生变形时。

第九章　防爆电气管理

第一节　防爆电气设备失爆分析

随着科学技术迅猛发展，工业生产规模日益扩大，防火防爆问题显得更为重要。危险场所的电气设备在正常使用或故障状态下，都可能发生电火花、电弧、高温、静电，以及摩擦、撞击火花等情况，从而导致火灾爆炸事故发生。据相关数字显示，从引发的直接原因看，电气引起最多，占总数的30.3%；其次是用火不慎，占22.9%，生产作业不慎占5.4%。其中，电气火灾所占比重在2005年至2007年的三年中连续增加，从2005年的21.9%增加到2007年的28.3%，电气所占比重极有可能继续保持上升态势。因此，如何防止电气设备的失爆，降低石油、化工、粮食加工等行业设备失爆和故障率、对保证安全生产，实现安全与生产、安全与效益协调可持续发展有着十分重要的意义。

分析防爆电气设备的失爆原因主要有下列几点：

一、电气设施的产品质量直接决定了电气设备的耐爆性和防爆效果。如石油化工生产具有易燃易爆、高温高压、露天和连续化生产等特点，由于其投资大、规模大、社会影响大，属于高风险行业，其生产场所使用的电气设备各项防爆技术都必须符合国家标准的要求，才能达到真正的防爆目的。尽管当前我国已经制定了新的防爆产品相关标准，但是防爆电气设备的质量仍良莠不齐。如：防爆电机绕组质量可靠性不高、噪音和振动质量较差；防爆灯具产品结构不合格等。伪劣设备即便使用时间不长，由于非常容易发生电弧火花引燃易燃物，因此，也非常容易导致电气火灾或爆炸；即使一个设备的电气件不合格，或者电气绝缘部分损坏，也极可能导致过负荷使设备失爆。

二、电气设备的不按照要求安装或安装不合格是造成电气设备失爆的主要原因之一。防爆电气设备上的连接部件（如接线箱、接线盒）基本上都是用螺丝固定，在取件过程中很可能伤及其防爆面；若不选用专用工具，硬拆、硬敲使设备外壳变形、扭曲，致使防爆间隙变短、宽度变大；残留在防爆面上的木屑、焊渣等使其间隙变宽或损伤而失爆；内径过大或过小的密封圈也会使喇叭嘴失去防爆能力。以上种种不规范操作都极容易引起设备失爆。

三、由于设备安装人员对防爆知识掌握不够，生产作业不规范，防爆安全意识薄弱等。

四、防爆电气设备疏于维护和管理。以为装了防爆电气设备就万事大吉了，“重使用、轻维护”是许多企业普遍存在的现象，现场检查发现，设备常年失修，一些运行多年的电气设备的电缆护套以及电缆引入口的密封圈严重老化；许多隔爆型电气设备的紧固螺钉丢失、隔爆面锈蚀；增安型电气设备的塑料外壳变形；导体支持绝缘物损坏或包裹的绝缘材料脱落或损坏；线路连接导线接头连接不牢靠、活动触头（开关、熔丝、接触器、插座、灯泡与灯座等）接触不良；一些运行多年的电气设备普遍存在严重老化等。

所有这些问题都会造成防爆电气失爆，严重危及危险场所生产人员生命和财产的安全，因此，加强防爆电气的管理刻不容缓。

第二节　严格执行标准和法规

防爆电气设备国家标准和法规是对防爆电气设备实施管理的主要依据，其内容的完善与否将直接影响到管理效果，其执行的力度与全面性，更关系到防爆电气设备是否具有防爆性能，及其在危险场所中是否可靠、有效。

作为防爆电气作业人员，在学习电气知识的基础上，还应认真学习防爆电气知识。因为防爆电气使用场所复杂，其防爆型式多种多样，安装、维护要求也不一样，因此，要保证防爆电气作业安全，学习防爆电气设备国家标准和法规，是极其重要的任务。

当前我国正在全面修订和完善国家防爆技术标准和相应的安全规程，在政府部门的统一协调下，防爆及其管理技术标准化迅速地与国际接轨。我们在认真执行国家防爆电气政策法规的同时，还应积极地做好宣传工作，力求使企业管理人员、生产操作人员在电气设备防爆问题上做到认识统一、制度落实、职责分明、作业规范、安全实效。

一、《爆炸危险场所安全规定》的主要内容

《爆炸危险场所安全规定》是原劳动部于 1995 年 1 月颁发的，这个文件对爆炸危险场所的定义、危险等级划分、技术安全、安全管理及罚则，对有爆炸危险的生产过程、厂房、设施、仓库等的控制，对通风要求、防静电措施等提出了明确的技术规定，对危险场所设备校验、维护保养和检修、作业人员培训和考核、操作规程、通风管理、特种作业等也都作出了规定，其主要内容如下：

(1) 爆炸危险场所方面

爆炸危险场所是指存在由于爆炸性混合物出现造成爆炸事故危险而必须对其生产、使用、储存和装卸采取预防措施的场所。

爆炸危险场所划分为特别危险场所、高度危险场所和一般危险场所三个等级。

特别危险场所是指物质的性质特别危险，储存的数量特别大，工艺条件特殊，一旦发生爆炸事故将会造成巨大的经济损失、严重的人员伤亡、危害极大的危险场所。

高度危险场所是指物质的危险性较大，储存的数量较大，工艺条件较为特殊，一旦发生爆炸事故将会造成较大的经济损失、较为严重的人员伤亡、具有一定危害的危险场所。

一般危险场所是指物质的危险性较小，储存的数量较少，工艺条件一般，即使发生爆炸事故，所造成的危害较小的场所。

在划分危险场所等级时，对周围环境条件较差或发生过重大事故的危险场所应提高一个危险等级。

(2) 危险场所的技术安全方面

有爆炸危险的生产过程，应选择物质危险性较小、工艺较缓和、较为成熟的工艺路线。

生产装置应有完善的生产工艺控制手段，设置具有可靠的温度、压力、流量、液面等工艺参数的控制仪表，对工艺参数控制要求严格的应设双系列控制仪表，并尽可能提高其自动化程度；在工艺布置时应尽量避免或缩短操作人员处于危险场所内的操作时间；对特殊生产工艺应有特殊的工艺控制手段。

生产厂房、设备、储罐、仓库、装卸设施应远离各种引爆源和生活、办公区；应布置在全年最小频率风的上风向；厂房的朝向应有利于爆炸危险气体的散发；厂房应有足够的泄压

面积和必要的安全通道；对散发比空气重的有爆炸危险气体的场所地面应有不引爆措施；设备、设施的安全间距应符合国家有关规定；生产厂房内的爆炸危险物料必须限量，储罐、仓库的储存量严格按国家有关规定执行。

生产过程必须有可靠的供电、供气（汽）、供水等公用工程系统。对特别危险场所应设置双电源供电或备用电源，对重要的控制仪表应设置不间断电源（UPS）。特别危险场所和高度危险场所应设置排除险情的装置。

生产设备、储罐和管道的材质、压力等级、制造工艺、焊接质量、检验要求必须执行国家有关规程；其安装必须有良好的密闭性能。对压力管线要有防止高低压窜气、窜液措施。

爆炸危险场所必须有良好的通风设施，以防止有爆炸危险气体的积聚。生产装置尽可能采用露天、半露天布置，布置在室内应有足够的通风量；通排风设施应根据气体比重确定位置；对局部易露部位应设置局部符合防爆要求的机械排风设施。

危险场所必须按《中华人民共和国爆炸危险场所电气安全规程（试行）》划定危险场所区域等级图，并按危险区域等级和爆炸性混合物的级别、组别配置符合国家标准规定的防爆等级的电气设备。防爆电气设备的配置应符合整体防爆要求；防爆电气设备的施工、安装、维护和检修也必须符合规程要求。

爆炸危险场所必须设置相应的可靠的避雷设施；有静电积聚危险的生产装置应采用控制流速、导除静电接地、静电消除器、添加防静电剂等有效的消除静电措施。

爆炸危险场所的生产、储存、装卸过程必须根据生产工艺的要求设置相应的安全装置。

桶装的有爆炸危险的物质应储存在库房内。库房应有足够的泄压面积和安全通道；库房内不得设置办公和生活用房；库房应有良好的通风设施；对储存温度要求较低的有爆炸危险物质的库房应有降温设施；对储存退温易爆物品的库房地面应比周围高出一定的高度；库房的门、窗应有遮雨设施。

装卸有爆炸危险的气体、液体时，连接管道的材质和压力等级等应符合工艺要求，其装卸过程必须采用控制流速等有效的消除静电措施。

(3) 危险场所的安全管理方面

企业应实行安全生产责任制，企业法定代表人应对本单位爆炸危险场所的安全管理工作负全面责任，以实现整体防爆安全。

新建、改建、扩建有爆炸危险的工程建设项目时，必须实行安全设施与主体工程同时设计、同时施工、同时竣工投产的“三同时”原则。

爆炸危险场所的设备应保持完好，并应定期进行校验、维护保养和检修，其完好率和泄漏率都必须达到规定要求。

爆炸危险场所的管理人员和操作工人，必须经培训考核合格后才能上岗。危险性较大的操作岗位，企业应规定操作人员的文化程度和技术等级。

防爆电气的安装、维修工人必须经过培训、考核合格，持证上岗。

企业必须有安全操作规程。操作工人应按操作规程操作。

爆炸危险场所必须设置标有危险等级和注意事项的标志牌。生产工艺、检修时的各种引爆源，必须采取完善的安全措施予以消除和隔离。

爆炸危险场所使用的机动车辆应采取有效的防爆措施。作业人员使用的工具、防护用品应符合防爆要求。

企业必须加强对防爆电气设备、避雷、静电导除设施的管理,选用经国家指定的防爆检验单位检验合格的防爆电气产品,做好防爆电气设备的备品、备件工作,不准任意降低防爆等级,对在用的防爆电气设备必须定期进行检验。检验和检修防爆电气产品的单位必须经过资格认可。

爆炸危险场所内的各种安全设施,必须经常检查,定期校验,保持完好的状态,做好记录。各种安全设施不得擅自解除或拆除。

爆炸危险场所内的各种机械通风设施必须处于良好运行状态,并应定期检测。

仓库内的爆炸危险物品应分类存放,并应有明显的货物标志。堆垛之间应留有足够的垛距、墙距、顶距和安全通道。

仓库和储罐区应建立健全管理制度。库房内及露天堆垛附近不得从事试验、分装、焊接等作业。

爆炸危险物品在装卸前应对储运设备和容器进行安全检查。装卸应严格按操作规程操作,对不符合安全要求的不得装卸。

企业的主管部门应按本规定的要求加强对爆炸危险场所的安全管理,并组织、检查和指导企业爆炸危险场所的安全管理工作。

二、《危险场所电气防爆安全规范》(AQ3009—2007)简介

《危险场所电气防爆安全规范》(AQ3009—2007)是由国家安全生产监督管理总局于2007年10月22日发布,于2008年1月1日施行的安全生产行业性标准,其实用范围是:规定了爆炸性气体或可燃性粉尘环境中电气设备的选型、安装、使用、维护的安全要求及检查程序。该标准不适用煤矿井下、炸药的制造和加工场所及医疗室环境。

该规范主要内容共有7章:

1. 范围
2. 规范性引用文件
3. 术语和定义
4. 爆炸性物质分级、分组和爆炸危险场所的分类、分级和区域范围划分
5. 爆炸危险场所防爆电气设备的选型
6. 爆炸危险场所电气线路和防爆电气设备的安装
7. 危险场所防爆电气设备的检查和维护

另有A、B、C、D、E五个附录。

《危险场所电气防爆安全规范》(AQ3009—2007)是防爆电气作业人员必须认真学习并严格执行的安全技术文件。

第三节 防爆电气全过程管理

一、做好工程项目设计审查

在工程项目设计完成后,应对项目中电气设备防爆安全技术措施进行审查,严格把好电气防爆设计关:

(1) 爆炸危险区域的划分是否合适,是否已同时考虑到各种环境因素可能对区域划分的影响;

(2) 各电气设备的选型和配置是否符合防爆技术要求；

(3) 电气布线的选定和走向是否符合防爆技术要求，尤其是对于本安系统的布线是否考虑了与其他布线的分隔措施；

(4) 采取的防爆技术措施是否全面，能否达到“电气整体防爆”的要求。

二、严格检查防爆电气设备供应商和产品资质

(1) 防爆合格证：必要时要验证证书的真伪性。特别要注意整体设备的系统认证。

(2) 防爆电气产品的检验报告和检验机构审查通过的技术文件：主要是防止防爆合格证的伪造、一证多用，应详细地了解产品防爆参数和限制的条件。

(3) 生产许可证：没有生产许可证的，其产品不能使用。

(4) 企业的定点或入网证明：此项限于特大型企业。

(5) 产品的其他质量证明：例如型式试验报告、防腐报告、防护试验报告等。

例如：防护性能和等级，制造商在出示的设备防爆合格证中，检验机构应验证后注明其具有的特殊防护性能和相应等级要求，或在出示的单项型式试验报告中说明：“采取了相应防护措施后，防爆性能未受影响。”后者主要是指制造商在防爆电气产品取得防爆合格证后，补做相应的抗其他特殊环境影响的型式试验报告。

(6) 国外进口的防爆电气设备按照国家有关规定，必须取得中国检验机构的防爆合格证后方可安装使用。

三、安装前最基本的鉴别

(1) 设备总体防爆标志

应在设备外壳明显处标/铸有防爆标志全称，如：ExdⅡCT6。

(2) 产品铭牌，内容包括：

① 防爆标志；

② 防爆合格证号；

③ 生产许可证标志；

④ 特定的要求；

⑤ 出厂日期/编号。

(3) 设备整体外观

① 金属外壳的隔爆型设备：壳体相对壁厚、铸面及氩焊面光滑，无凹凸不平状况，保证其承受爆炸强度要求和无砂孔。

② 产品体积较大的要以保证其散热能力和温度组别要求，提高产品的使用寿命。

③ 设备具备内外接地并有接地标志。

④ 注意电气设备的引入装置配置情况，应保证施工配线的需要。

(4) 设备结构合理性确认。例如：解码器盒、电源箱允许回路数和最大电流、功率等。

四、试验

防爆电气设备检修或安装后都必须进行试验。例如：

(1) 本安电气设备和关联电气设备修理后，在本安电路端子与外壳之间应承受 50～60 Hz、500V、历时 1 min 的耐压试验。

(2) 增安型电气设备对可能影响外壳机械强度的修理，应按标准进行冲击试验；对可能影响外壳防护等级的修理，应按标准进行防护性能试验；对可能影响设备温度组别的修理，应按标准进行温度试验；电缆和导管引入装置，应按标准进行夹紧试验（Ⅱ类固定式设备除外），密封圈应进行硬度和尺寸测量，其材料应用按标准进行的老化试验报告；更换的塑料风扇应有按标准测定表面绝缘电阻的报告；更换的铝合金风扇应有材料成分分析（含镁量）报告等。

(3) 无火花型电气设备"n"对可能影响外壳机械强度的修理，应按标准进行冲击试验；对可能影响外壳防护等级的修理，应按标准进行防护性能试验；对可能影响设备温度组别的修理，应按标准进行温度试验；电缆和导管引入装置，应按标准进行夹紧试验（Ⅱ类固定式设备除外），密封圈应进行硬度和尺寸测量，其材料应有按标准进行的老化试验报告；更换的风扇应有满足标准规定的试验报告等。

上述的只是举例，具体的试验要按相关规范确定，这一点是防爆电气设备与普通电气设备不同的，因为，各类防爆型式的电气设备各有特殊的要求，不能混同。

五、全面推行工程项目安装验收制度

正确安装是确保防爆电气设备安全运行的重要环节之一。据现场检查发现，由于项目施工中存在层层转包，安装人员又缺乏防爆安全基本知识，原来是防爆的产品，由于不正确的安装，使产品防爆性能失效的情况时有发生。

规范验收程序：

(1) 技术文件的审查和确认，即主要审查防爆合格证书的有效性以及实物与证书的一致性；

(2) 防爆电气设备的质量检查，即采取抽样的办法对电气设备实施必要的样机检测和试验验证；

(3) 安装质量验收，即从"电气整体防爆"角度，对安装后的电气设备的防爆有效性予以验证。

防爆电气设备除了在外部结构、温升控制等方面有些特殊要求外，在许多地方跟普通电气设备是近似的，故爆炸和火灾危险环境的电气装置的安装，除了按防爆电气相关法规标准进行试验验证，还应执行《安装工程爆炸和火灾危险环境电气装置施工及验收规范》(GB50257—1996)，并应符合现行国家标准相关的电气装置安装工程系列中的"高压电器"、"电力变压器、油浸电抗器、互感器"、"母线装置"、"旋转电机"、"盘、柜及二次回路结线"、"电缆线路"、"接地装置"、"电气照明"、"配线工程"等施工及验收规范和《电气装置安装工程电气设备交接试验标准》，以及其他各专业标准规程的有关规定。

六、日常维护与管理

防爆电气设备的日常维护和管理是确保电气设备持续安全运行的重要措施。石化企业一般一至两年对电气设备进行一次维修保养。假若防爆电气作业人员都能严格按照国家安全规程的规定实施维修，应该在电气设备的日常使用过程中不会出现新的安全问题。

对于正常运行的防爆电气设备进行日常管理，在实施定期维护保养措施的基础上，根据实际情况也应定期或不定期地对电气设备的防爆安全实施评估，以避免在日常使用和维护过程中可能出现的安全问题。

第四节　防爆电气作业人员培训与考核

要保证在爆炸危险场所安全生产，切实保障人民生命和财产的安全，人的因素是第一位的，企业的主管领导和相应的管理人员、技术人员、采购人员和施工维修人员应除认真学习国家安全生产法以及国家相关安全生产法规、技术标准外，还应广泛、深入地掌握防爆电气应用方面的知识，特别是防爆电气作业人员，更要不断提高防爆电气安全的意识和技能。企业要经常参加本行业和制造业举办的技术交流活动，这样会了解到其他企业的应用和管理经验，了解防爆电气产品的最新动态和产品质量；此外应邀请国内相关权威机构人员来企业技术培训，增强鉴别真伪技术和对标准、法规理解的能力。

国家安全生产监督管理总局已于 2010 年 5 月 24 日发布《特种作业人员安全技术培训考核管理规定》(30 号令，2007 年 7 月 1 日实施)，在特种作业目录中正式列入“防爆电气作业”。

防爆电气作业是指对各种防爆电气设备进行安装、检修、维护的作业，适用于除煤矿井下以外的防爆电气作业。

防爆电气作业人员应具备下列基本条件：

(1) 年满 18 周岁，且不超过国家法定退休年龄；

(2) 经社区或者县级以上医疗机构体检健康合格，并无妨碍从事防爆电器作业的器质性心脏病、癫痫病、美尼尔氏症、眩晕症、癔病、震颤麻痹症、精神病、痴呆症、色盲以及其他疾病和生理缺陷；

(3) 具有初中及以上文化程度；

(4) 取得低压电工或高压电工特种作业操作证；

(5) 相应特种作业规定的其他条件。

防爆电气作业人员必须经专门的安全技术培训并考核合格，取得《中华人民共和国特种作业操作证》后，方可上岗作业。

必须指出，因为防爆电气的安装、维修也要遵守普通电气设备安装维修的有关基本规定，因此，防爆电气作业人员也必须认真学习电工基础知识，掌握普通电气作业的技能和安全技术。

附 录

A. 气体或蒸气爆炸性混合物分级分组举例

序 号	物质名称	分子式	组 别
		A级	
一	烃		
	烷类		
1	甲烷	CH_4	T1
2	乙烷	C_2H_6	
3	丙烷	C_3H_8	T1
4	丁烷	C_4H_{10}	T2
5	戊烷	C_5H_{12}	T3
6	己烷	C_6H_{14}	T3
7	庚烷	C_7H_{16}	T3
8	辛烷	C_8H_{18}	T3
9	壬烷	C_9H_{20}	T3
10	癸烷	$C_{10}H_{22}$	T3
11	环丁烷	C_4H_8	—
12	环戊烷	C_5H_{10}	T3
13	环己烷	C_6H_{12}	T3
14	环庚烷	C_7H_{14}	—
15	甲基环丁烷	C_5H_{10}	—
16	甲基环戊烷	C_6H_{12}	T2
17	甲基环己烷	C_7H_{14}	T3
18	乙基环丁烷	C_6H_{12}	T3
19	乙基环戊烷	C_7H_{14}	T3
20	乙基环己烷	C_8H_{16}	T3
21	十氢化萘(萘烷)	$C_{10}H_{18}$	T3
	烯类		

续表

序　号	物质名称	分子式	组　别
22	丙烯	$CH_3CH{=}CH_2$	T2
	芳香烃类		
23	苯乙烯	$C_6H_5CH{=}CH_2$	T1
24	甲基苯乙烯	$C_6H_5C(CH_3){=}CH_2$	T1
	苯类		
25	苯	C_6H_6	T1
26	甲苯	$C_6H_5CH_3$	T1
27	二甲苯	$C_6H_4(CH_3)_2$	T1
28	乙苯	$C_6H_5C_2H_5$	T2
29	三甲苯	$C_6H_3(CH_3)_3$	T1
30	萘	$C_{10}H_8$	T1
31	异丙基苯	$C_6H_5CH(CH_3)_2$	T2
32	甲基异丙基苯	$(CH_3)_2CHC_6H_4CH_3$	T2
	烃混合物		
33	甲烷(工业用)		T1
34	松节油		T3
35	石脑油		T3
36	煤焦油石脑油		T3
37	石油(包括汽油)		T3
38	溶剂石油或洗涤石油		T3
39	燃料油		T3
40	煤油		T3
41	柴油		T3
42	动力苯		T1
二	含氧化合物(包括醚)		
43	一氧化碳	CO	T1
44	二丙醚	$(C_3H_7)_2O$	—
	醇类和酚类		
45	甲醇	CH_3OH	T2
46	乙醇	C_2H_5OH	T2
47	丙醇	C_3H_7OH	T2
48	丁醇	C_4H_9OH	T2

续表

序 号	物质名称	分子式	组 别
49	戊醇	$C_5H_{11}OH$	T3
50	己醇	$C_6H_{13}OH$	T3
51	庚醇	$C_7H_{15}OH$	—
52	辛醇	$C_8H_{17}OH$	—
53	壬醇	$C_9H_{19}OH$	—
54	环己醇	$C_6H_{11}OH$	T3
55	甲基环己醇	$C_7H_{13}OH$	T3
56	酚	C_6H_5OH	T1
57	甲酚	$CH_3C_6H_4OH$	T1
58	4-羟基-4-甲基戊酮(双丙酮醇)	$(CH_3)_2C(OH)CH_2COCH_3$	T1
	醛类		
59	乙醛	CH_3CHO	T4
60	聚乙醛	$(CH_3CHO)_n$	—
	酮类		
61	丙酮	$(CH_3)_2CO$	T1
62	丁酮(乙基甲基酮)	$C_2H_5COCH_3$	T1
63	戊-2-酮(甲基丙基甲酮)	$C_3H_7COCH_3$	T1
64	己-2-酮(甲基丁基甲酮)	$C_4H_9COCH_3$	T1
65	戊基甲基酮	$C_5H_{11}COCH_3$	—
66	戊-2,4-二酮(戊间二酮)	$CH_3COCH_2COCH_3$	T2
67	环己酮	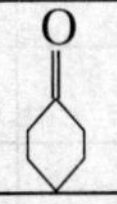	T2
	酯类		
68	甲酸甲酯	$HCOOCH_3$	T2
69	甲酸乙酯	$HCOOC_2H_5$	T2
70	醋酸甲酯	CH_3COOCH_3	T1
71	醋酸乙酯	$CH_3COOC_2H_5$	T2
72	醋酸丙酯	$CH_3COOC_3H_7$	T2
73	醋酸丁酯	$CH_3COOC_4H_9$	T2
74	醋酸戊酯	$CH_3COOC_5H_{11}$	T2
75	甲基丙烯酸甲酯	$CH_2=C(CH_3)COOCH_3$	T2

续表

序号	物质名称	分子式	组别
76	甲基丙烯酸乙酯	$CH_2=C(CH_3)COOC_2H_5$	—
77	醋酸乙烯酯	$CH_3COOCH=CH_2$	T2
78	乙酰基乙酸乙酯	$CH_3COCH_2COOC_2H_5$	T2
	酸类		
79	醋酸	CH_3COOH	T1
三	含卤化合物		
	无氧化合物		
80	氯甲烷	CH_3Cl	T1
81	氯乙烷	C_2H_5Cl	T1
82	溴乙烷	C_2H_5Br	T1
83	1-氯丙烷	C_3H_7Cl	T1
84	氯丁烷	C_4H_9Cl	T3
85	溴丁烷	C_4H_9Br	T3
86	二氯乙烷	$C_2H_4Cl_2$	T2
87	二氯丙烷	$C_3H_6Cl_2$	T1
88	氯苯	C_6H_5Cl	T1
89	苄基氯	$C_6H_5CH_2Cl$	T1
90	二氯苯	$C_6H_4Cl_2$	T1
91	烯丙基氯	$CH_2=CHCH_2Cl$	T2
92	二氯乙烯	$CHCl=CHCl$	T1
93	氯乙烯	$CH_2=CHCl$	T2
94	α,α,α-三氟甲苯	$C_6H_5CF_3$	T1
95	二氯甲烷	CH_2Cl_2	T1
	含氧化合物		
96	乙酰氯	CH_3COCl	T3
97	氯乙醇	CH_2ClCH_2OH	T2
四	含硫化合物		
98	乙硫醇	C_2H_5SH	T3
99	1-丙硫醇	C_3H_7SH	—
100	噻吩	C_4H_4S	T2
101	四氢噻吩	C_4H_8S	T3
五	含氮化合物		

续表

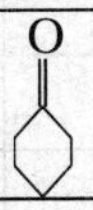

续表

序 号	物质名称	分子式	组 别
102	氨	NH_3	T1
103	氰甲烷	CH_3CN	T1
104	亚硝酸乙酯	CH_3CH_2ONO	T6
105	硝基甲烷	CH_3NO_2	T2
106	硝基乙烷	$C_2H_5NO_2$	T2
	胺类		
107	甲胺	CH_3NH_2	T2
108	二甲胺	$(CH_3)_2NH$	T2
109	三甲胺	$(CH_3)_3N$	T4
110	二乙胺	$(C_2H_5)_2NH$	T2
111	三乙胺	$(C_2H_5)_3N$	T1
112	正丙胺	$C_3H_7NH_2$	T2
113	正丁胺	$C_4H_9NH_2$	T2
114	环已胺	$C_6H_{13}N$	T3
115	2-氨基乙醇(乙醇胺)	$NH_2CH_2CH_2OH$	—
116	2-二乙胺基乙醇	$(C_2H_5)NCH_2CH_2OH$	—
117	二氨基乙烷	$NH_2CH_2CH_2NH_2$	T2
118	苯胺	$C_6H_5NH_2$	T1
119	N,N-二甲基苯胺	$C_6H_5N(CH_3)_2$	T2
120	苯胺基丙烷	$C_9H_{13}N$	—
121	甲苯胺	$CH_3C_6H_4NH_2$	T1
	B级		
122	氮(杂)苯	C_5H_5N	T1
一	烃类		
123	丙炔(甲基乙炔)	$CH_3C\equiv CH$	T1
124	乙烯	C_2H_4	T2
125	环丙烷	C_3H_6	T1
126	1,3-丁二烯	$CH_2=CHCH=CH_2$	T2
二	含氮化合物		
127	丙烯腈	$CH_2=CHCN$	T1
128	异丙基硝酸盐	$(CH_3)_2CHONO_2$	—
129	氰化氢	HCN	T1

续表

序号	物质名称	分子式	组别
三	含氧化合物		
130	二甲醚	$(CH_3)_2O$	T3
131	乙基甲基醚	$CH_3OC_2H_5$	T4
132	二乙醚	$(C_2H_5)_2O$	T4
133	二丁醚	$(C_4H_9)_2O$	T4
134	环氧乙烷	C_2H_4O	T2
135	1,2-环氧丙烷	C_3H_6O	T2
136	1,3-二噁戊烷	$C_4H_8O_3$	—
137	1,4-二氧杂环己烷	$C_4H_8O_2$	T2
138	1,3,5-三氧杂环己烷	$C_3H_6O_3$	T2
139	羟基醋酸丁酯	$HOCH_2COOC_4H_9$	—
140	甲氢化呋喃甲醇	$C_5H_{10}O_2$	T3
141	丙烯酸甲酯	$CH_2=CHCOOCH_3$	T2
142	丙烯酸乙酯	$CH_2=CHCOOC_2H_5$	T2
143	呋喃	C_4H_4O	T2
144	丁烯醛	$CH_3CH=CHCHO$	T3
145	丙烯醛	$CH_2=CHCHO$	T3
146	四氢呋喃	C_4H_8O	T3
四	混合气		
147	焦炉煤气		T1
五	含卤化合物		
148	四氟乙烯	C_2F_4	T4
149	1-氯-2,3-环氧丙烷	C_3H_5ClO	T2
六	含硫化合物		
150	乙硫醇	C_2H_5SH	T3
		ⅡC	
151	氢	H_2	T1
152	乙炔	C_2H_2	T2
153	二硫化碳	CS_2	T5

B. 爆炸性和可燃性粉尘特性表

粉尘种类	粉尘名称	温度组别	高温表面堆积粉尘层(5 mm)的点燃温度/℃	粉尘云的点燃温度/℃	爆炸下限浓度/g·m^{-3}	粉尘平均粒径/μm	危险性质
金属	铝(表面处理)	T11	320	590	37～50	10～15	爆
	铝(含脂)	T12	230	400	37～50	10～20	爆
	铁		240	400	153～204	100～150	可、导
	镁	T11	340	470	44～59	5～10	爆
	红磷		305	360	48～64	30～50	可
	炭黑	T12	535	＞690	36～45	10～20	可、导
	钛	T11	290	375	—	—	可、导
	锌		430	530	212～284	10～15	可、导
	电石		325	555	—	＜200	可
	钙硅铝合金(8%钙－30%硅－55%铝)		290	465	—	—	可、导
	硅铁合金(45%硅)		＞450	640	—	—	可、导
	黄铁矿		445	555	—	＜90	可、导
	锆石		305	360	92～123	5～10	可、导
化学	硬脂酸锌	T11	熔融	315	—	8～15	可
	萘		熔融	575	28～38	30～100	可
	蒽		熔融升华	505	29～39	40～50	可
	己二酸		熔融	580	65～90	—	可
	苯二(甲)酸		熔融	650	61～83	80～100	可
	无水苯二(甲)酸(粗制品)		熔融	605	52～71	—	可
	苯二甲酸腈		熔融	＞700	37～50	—	可
	无水马来酸(粗制品)		熔融	500	82～113	—	可
	醋酸钠酯		熔融	520	51～70	5～8	可
	结晶紫		熔融	475	46～70	15～30	可
药品	四硝基咔唑	T11	熔融	395	92～129	—	可
	二硝基甲酚		熔融	340	—	40～60	可
	阿司匹林		熔融	405	31～41	60	可
	肥皂粉		熔融	575	—	80～100	可
	青色染料		350	465	—	300～500	可
	萘酚染料		395	415	133～184	—	可

续表

粉尘种类	粉尘名称	温度组别	高温表面堆积粉尘层(5 mm)的点燃温度/℃	粉尘云的点燃温度/℃	爆炸下限浓度/g·m⁻³	粉尘平均粒径/μm	危险性质
合成树脂	聚乙烯	T11	熔融	410	26～35	30～50	可
	聚丙烯		熔融	430	25～35	—	可
	聚苯乙烯		熔融	475	27～37	40～60	可
	苯乙烯(70%)—丁二烯(30%)粉状聚合物		熔融	420	27～37	—	可
	聚乙烯醇		熔融	450	42～55	5～10	可
	聚丙烯腈		熔融炭化	505	35～55	5～7	可
	聚氨酯(类)		熔融	425	46～63	50～100	可
	聚乙烯四酞		熔融	480	52～71	<200	可
	聚乙烯氮戊环酮		熔融	465	42～58	10～15	可
	聚氯乙烯		熔融炭化	595	63～86	4～5	可
	氯乙烯(70%)—苯乙烯(30%)粉状聚合物		熔融炭化	520	44～60	30～40	可
	酚醛树脂(酚醛清漆)		熔融炭化	520	36～49	10～20	可
	有机玻璃粉		熔融炭化	485	—	—	可
天然树脂	骨胶(虫胶)	T11	沸腾	475	—	20～50	可
	硬质橡胶		沸腾	360	36～49	20～30	可
	软质橡胶		沸腾	425	—	80～100	可
	天然树脂		熔融	370	38～52	20～30	可
	古巴树脂		熔融	330	30～41	20～50	可
	松香		熔融	325	—	50～80	可
沥青、蜡类	硬蜡	T11	熔融	400	26～36	30～50	可
	绕组沥青		熔融	620	—	50～80	可
	硬沥青		熔融	620	—	50～150	可
	煤焦油沥青		熔融	580	—	—	可
农产物	裸麦粉	T11	325	415	67～93	30～50	可
	裸麦谷物粉(未处理)		305	430		50～100	可
	裸麦筛落粉(粉碎品)		305	415		30～40	可
	小麦粉		炭化	410		20～40	可
	小麦谷物粉		290	420		15～30	可
	小麦筛落粉(粉碎品)		290	410		3～5	可

续表

粉尘种类	粉尘名称	温度组别	高温表面堆积粉尘层(5 mm)的点燃温度/℃	粉尘云的点燃温度/℃	爆炸下限浓度/g·m^{-3}	粉尘平均粒径/μm	危险性质
农产物	乌麦、大麦谷物粉	T12	270	440		50～150	可
	筛米粉		270	420		50～100	可
	玉米淀粉		炭化	410		2～30	可
	马铃薯淀粉		炭化	430		60～80	可
	布丁粉		炭化	395		10～20	可
	糊精粉		炭化	400	71～99	20～30	可
	砂糖粉		熔融	360	77～107	20～40	可
	乳糖		熔融	450	83～115		
纤维、鱼粉	可可子粉(脱脂品)	T12	245	460		30～40	可
	咖啡粉(精制品)	T11	收缩	600		40～80	可
	毕尔(啤酒)麦芽粉		285	405		100～150	可
	紫苜蓿		280	480		200～500	可
	亚麻粕粉		285	470		—	可
	菜种渣粉		炭化	465		400～600	可
	鱼粉		炭化	485		80～100	可
	烟草纤维	T12	290	485		50～100	可
	棉纤维	T11	385	—		—	可
	人造短纤维		305	—		—	可
	亚硫酸盐纤维		380	—		—	可
	木质纤维		250	445		40～80	可
	纸纤维		360	—		—	可
	椰子粉		280	450		100～200	可
	软木粉		325	460	44～59	30～40	可
	针叶树(松)粉		325	440		70～150	可
	硬木(丁钠橡胶)粉		315	420		70～100	可
燃料	泥煤粉(堆积)	T12	260	450	—	60～90	可、导
	褐煤粉(生褐煤)		260	—	49～68	2～3	可
	褐煤粉(火车焦用)		230	485	—	3～5	可、导
	有烟煤粉		235	595	41～57	5～10	可、导
	瓦斯煤粉		225	580	35～48	5～10	可、导

续表

粉尘种类	粉尘名称	温度组别	高温表面堆积粉尘层(5 mm)的点燃温度/℃	粉尘云的点燃温度/℃	爆炸下限浓度/g·m^{-3}	粉尘平均粒径/μm	危险性质
燃料	焦炭用煤粉	T11	280	610	33～45	5～10	可、导
	贫煤粉		285	680	34～45	5～7	可、导
	无烟煤粉		＞430	＞600	—	100～150	可、导
	木炭粉(硬质)		595	595	39～52	1～2	可、导
	泥煤焦炭粉		615	615	40～54	1～2	可、导
	褐煤焦炭粉	T12	—	—	—	4～5	可、导
	煤焦炭粉	T11	＞750	＞750	37～50	4～5	可、导

参考文献

1. GB 3836.1—2000 爆炸性气体环境用电气设备 第 1 部分:通用要求(eqv IEC 60079—0:1998)

2. GB 3836.2—2000 爆炸性气体环境用电气设备 第 2 部分:隔爆型“d”(eqv IEC 60079—1:1990)

3. GB 3836.3—2000 爆炸性气体环境用电气设备 第 3 部分:增安型“e”(eqv IEC 60079—7:1990)

4. GB 3836.4—2000 爆炸性气体环境用电气设备 第 4 部分:本质安全型“i”(eqv IEC 60079—11:1999)

5. GB 3836.5—2004 爆炸性气体环境用电气设备 第 5 部分:正压外壳型“p”(mod IEC 60079—2:2001)

6. GB 3836.13—1997 爆炸性气体环境用电气设备 第 13 部分:爆炸性气体环境用电气设备的检修(eqv IEC 60079—19:1993)

7. GB 3836.14—2000 爆炸性气体环境用电气设备 第 14 部分:危险场所分类(idt IEC 60079—10:1995)

8. GB 3836.15—2000 爆炸性气体环境用电气设备 第 15 部分:危险场所电气安装(煤矿除外)(idt IEC 60079—17:2002)

9. GB 3836.16—2006 爆炸性气体环境用电气设备 第 16 部分:电器装置的检查与维护(煤矿除外)(idt IEC 60079—17: 2002)

10. GB 12476.1—2000 可燃性粉尘环境用电气设备 第 1 部分:用外壳和限制表面温度保护的电气设备(idt IEC 61241—1—1:1999)

11. GB 12476.2—2006 可燃性粉尘环境用电气设备 第 1 部分:用外壳和限制表面温度保护的电气设备 第 2 节:电气设备的选择、安装和维护(idt IEC 61241—1—2:1999)

12. GB 16895 建筑物电气装置

13. GB 50058—1992 爆炸和火灾危险环境电力装置设计规范

14. IEC 60364 建筑物电气装置

15. AQ3009—2007 危险场所电气防爆安全规范

16. 张显力.防爆电气概论.北京:机械工业出版社,2008

17. 劳动部爆炸危险场所安全规定.1995—01—22

18. 劳动部职业安全卫生与锅炉压力容器监察局编.工业防爆实用技术手册.沈阳:辽宁科学技术出版,1996